准晶结构及其性能应用

Quasicrystal Structure and Applications of Properties

汪洋 著

国防工业出版社
·北京·

内 容 简 介

本书介绍准晶的制备方法、测量手段以及结构分析方法等，阐述准晶的结构在力学、电学、磁学等特殊性能，以及准晶的不黏性、储氢性能、光催化性能等在实际中的应用，提出准晶材料开发利用的发展方向。

本书内容适合高等学校、科研院所、企业等材料物理化学等领域的研究人员、教师、学生对准晶的基础学习，掌握准晶材料的结构、性能等研究方法，以及准晶具体的实验测量和原理分析等具有参考价值和指导作用。

图书在版编目(CIP)数据

准晶结构及其性能应用/汪洋著．—北京：国防工业出版社，2023.8
ISBN 978 – 7 – 118 – 12987 – 8

Ⅰ.①准… Ⅱ.①汪… Ⅲ.①准晶体 – 材料科学 – 研究 Ⅳ.①O753 ②TB3

中国国家版本馆 CIP 数据核字(2023)第 117594 号

※

国防工业出版社出版发行
(北京市海淀区紫竹院南路23号 邮政编码100048)
三河市众誉天成印务有限公司印刷
新华书店经售
*
开本 710×1000 1/16 插页1 印张 9¾ 字数 172 千字
2023 年 8 月第 1 版第 1 次印刷 印数 1—2000 册 定价 58.00 元

(本书如有印装错误，我社负责调换)

国防书店：(010)88540777　　书店传真：(010)88540776
发行业务：(010)88540717　　发行传真：(010)88540762

前　言

　　随着 IT 在各行各业的应用,开发新材料是智能科技时代发展的需要。1984 年 12 月 24 日 Daniel Shechtman 用急冷的方法观察具有二十面对称性的准晶,2011 年他因准晶的研究成果获得诺贝尔化学奖。之后准晶作为新型材料被人们深入研究。由于准晶的原子排列结构、电子能态密度、滑移系统与晶体结构的不同,因此准晶具有高电阻率、低热传导系数、低摩擦系数、高硬度低表面能等特性,这些特性不仅可以应用在金属基复合材料上,还可以应用在表面功能性涂层、耐磨耗、热阻抗、催化、储氢、热电、超导等材料上。根据准晶材料相对硬、脆且延展性较低的特点,准晶相还可以成为金属材料的韧性增强相,从而提高金属材料的稳定性。准晶结构特性的应用等研究为新材料的开发和利用开辟了新途径。

　　全书共分九章,在前三章主要介绍准晶的由来、结构特点。在第 4 章介绍准晶的制备方法,列举柱状准晶和粉末状准晶材料的具体制备方法及制备流程。在第 5 章介绍柱状准晶和粉末状准晶的 X 衍射测试方法,着重介绍利用光栅叠加方式测量柱状准晶的结构,是一种独特的测试方法。在第 6 章准晶的结构分析中,通过准晶准周期的变化确定其结构的变化,以及与准晶的相变的关联性。在第 7 章介绍准晶材料的力学、电学、磁学等物理性能,分析准晶材料的性能特点,通过准晶结构的控制获得准晶材料的特性。在第 8 章中介绍准晶材料在储氢、涂层、超导等性能的应用。在第 9 章介绍准晶材料及复合材料的催化性能及复合材料的制备方法、形貌组织,以及光催化降解有机污染物等应用。

　　本书重点内容为准晶材料内部结构,准周期变化及其相变,阐述准晶结构与准晶的性能相关性,从准晶结构分析准晶的性能特性,通过改变准晶的成分、温度等条件获得单一准周期的准晶,揭示准晶结构变化的规律,分析准晶的性能产生的原因等,从而达到控制准晶结构的目的,为新材料的开发和利用提供准晶实验数据和理论依据。另外对准晶材料催化加氢,以及复合材料光催化降解有机物进行阐述,为实际处理染料废水等应用提供复合材料制备方法和测试手段。

　　在撰写本书过程中得到了日本国立奈良女子大学金属物性研究室山本一树副教授的指导和帮助,本书的一部分内容是作者长期与山本一树副教授共同研究准晶的总结,在此对山本一树副教授表示感谢。也非常感谢作者在日本留学期间的博士导师松尾欣枝教授,以及提供准晶相关资料的国内外师生(国内教师:浙江大学的刘嘉斌、杭州师范大学陈斌等;国外学生:日本奈良女子大学的城野博士、西村硕士等)的帮助,感谢作者指导过的浙江理工大学研究生蒋乐、杨帆、魏琪、周彬、菊丙强和黄凯,以及物理本科生张奕洲、徐步思等在校期间提供的复合材料的光催化的实验数据。最后感谢中国空间技术研究院和浙江舒友医疗器械有限公司的出版资助,以及给予支持和帮助的所有人。

汪洋
2022 年 2 月于大阪

目　　录

第1章　准晶的概述 ··· 1
1.1　准晶的发现 ·· 1
1.2　晶体、非晶体、准晶体的结构特点 ································ 2
1.2.1　晶体 ··· 2
1.2.2　非晶体 ··· 5
1.2.3　准晶体 ··· 5
1.3　晶体、非晶体、准晶体的区分 ······································ 8
参考文献 ··· 11

第2章　准晶的形成机理 ··· 13
2.1　准晶的生长 ·· 13
2.2　影响准晶生长的因素 ·· 14
2.2.1　合金成分 ··· 15
2.2.2　原子尺寸 ··· 16
2.2.3　电子浓度与能级 ·· 16
2.2.4　冷却速度 ··· 17
2.2.5　温度与压力 ··· 18
2.3　准晶的分类 ·· 19
参考文献 ··· 21

第3章　准晶的结构及缺陷 ··· 23
3.1　晶体的周期及缺陷 ··· 23
3.2　准晶结构的表示法 ··· 26
3.2.1　一维准晶 ··· 26
3.2.2　二维准晶 ··· 27
3.3　准晶的相位子及位错 ·· 30
参考文献 ··· 34

第4章 准晶的制备方法 ·········· 36
4.1 急冷凝固 ·········· 36
4.1.1 真空电弧炉 ·········· 36
4.1.2 粉末状准晶的制备 ·········· 37
4.1.3 棱柱状准晶的制备 ·········· 39
4.2 深过冷 ·········· 39
4.3 高压熔淬 ·········· 41
4.4 铸造 ·········· 42
4.5 机械合金化 ·········· 43
参考文献 ·········· 43

第5章 准晶结构的测试方法 ·········· 45
5.1 X射线衍射仪的工作原理 ·········· 45
5.1.1 柱状准晶的XRD ·········· 45
5.1.2 粉末状准晶的XRD ·········· 48
5.2 电子显微镜的构成及原理 ·········· 48
5.2.1 准晶的TEM ·········· 48
5.2.2 准晶的SEM ·········· 52
5.3 EDS能谱 ·········· 53
5.4 磁性测量系统 ·········· 56
参考文献 ·········· 59

第6章 准晶结构的解析 ·········· 60
6.1 准晶的相子应变计算方法 ·········· 60
6.2 准晶衍射峰的解析 ·········· 62
6.2.1 衍射峰的高斯函数拟合 ·········· 62
6.2.2 衍射峰的位置变量 ·········· 64
6.2.3 热处理温度对衍射峰的影响 ·········· 65
6.3 准晶的相和相子应变 ·········· 69
6.3.1 Al–Cu–Fe–Mn准晶相 ·········· 69
6.3.2 准晶的混合相 ·········· 73
6.3.3 准晶的相子应变 ·········· 74
6.4 准晶的二维等高线强度分布 ·········· 81

6.5 准晶的点阵常数 ··· 82
6.6 准晶的原子簇结构 ··· 85
参考文献 ·· 92

第7章 准晶材料的性能 ·· 94
7.1 准晶的力学性能 ··· 94
7.2 准晶的表面性能 ··· 95
7.3 准晶的热学性能 ··· 95
7.4 准晶的磁学性能 ··· 96
7.5 准晶的电学性能 ··· 98
7.6 准晶的光学性能 ··· 100
参考文献 ·· 101

第8章 准晶材料的应用 ·· 102
8.1 储氢的准晶材料 ··· 102
8.2 准晶的复合材料 ··· 103
8.3 准晶的热障涂层 ··· 104
  8.3.1 准晶薄膜的分类 ·· 105
  8.3.2 准晶薄膜的制备方法 ·· 106
8.4 软物质准晶材料 ··· 108
8.5 超导准晶材料 ·· 109
参考文献 ·· 111

第9章 准晶材料及复合材料的催化性能 ··································· 114
9.1 准晶的催化性能 ··· 114
  9.1.1 准晶材料的催化加氢 ·· 114
  9.1.2 准晶材料的催化氧化 ·· 115
9.2 半导体复合材料的光催化性 ··· 115
  9.2.1 单质-半导体复合材料 ·· 116
  9.2.2 化合物-半导体复合材料 ····································· 129
  9.2.3 复合半导体材料 ·· 136
  9.2.4 间接半导体复合材料 ·· 140
参考文献 ·· 147

Ⅶ

第1章 准晶的概述

1.1 准晶的发现

1982年以色列科学家谢切曼(Shechtman)[1]等发现用急冷方法制备 Al-Mn合金具有五次旋转对称性,在 Al-Mn 衍射图(图1-1)中观察到十个亮点的同心圆,1984年将这一研究成果在《物理评论快报》上发表后,这一发现冲击着传统晶体学,之后在其他合金体系中相继发现具有八次、十次、十二次旋转对称性的准晶,这表明存在以准晶为代表的新固体结构[2]。准晶的最基本的特征就是具有准周期性,准晶的衍射图案由分离的衍射斑点及其所反映的倒易点阵组成。这些倒易点阵几何位置的分布(不考虑强度)是按准周期分布的[3]。晶体的周期性和准晶的准周期性都是平移序,不同处在于描述晶体周期的基本矢量的个数 N 与该晶体所在的空间维数 d 是等值的,即 $N=d$,晶体的周期数值在有理数范围,而描述准晶体准周期的基本矢量的个数 N 大于该准晶体所在的空间的维数 d,$N>d$,准晶体准周期的数值在无理数范围。

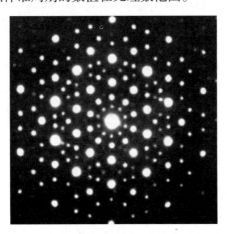

图1-1 Al-Mn 正二十面体准晶的电子衍射图[1]

自发现 Al-Mn 含五次轴旋转对称在内的二十面体点群对称的合金相准晶以来,蔡安邦等研究人员揭示正十边形合金相准晶的稳定性[4];枝川研究组成员发现准晶的超晶胞结构;平贺等利用高分辨电子显微镜观测到准晶在高温条件下的 Pentagonal Tilling 和在低温条件下的 Rohmbic Tilling 两种存在方式。此后 Ritsh 等建立 Al－Ni－Co 的成分与温度的相图。还有学者研究准晶的晶体近似相的结构,探讨 Al－Ni－Co 深过冷的凝固组织[4-7],以及发现在自然界中准晶有混合相、I 相(Icosahedral phase)的存在[8-9],提出准晶的格子排列方式[10-11],测试 I 相准晶振动光谱,用热力学理论研究准晶相[12-13],确定准晶的内部结构的稳定性[14]。通过 $Al_{13}Fe_4$ 和 Al_5Fe_5 的二元准晶添加微量元素 Ni 后,由二元准晶向近似晶体转变,这表明准晶向近似晶体转变成为可能。

准晶在低温条件下能够保持高温的结构,具有与晶体和非晶体不同的高硬度、高耐热性、低表面能、不黏,以及弱导电导热等特性。准晶还具有磁性、可塑性、热电转化效应、力学性,在新材料合成方面准晶用作前驱体的催化反应材料,准晶相还可以成为金属材料的韧性增强相,以提高金属材料的稳定性。利用准晶的结构特点开发新材料,可提高材料性能,促进准晶材料在合成磁性材料[15-17]、超导材料、智能材料等方面的发展。

1.2 晶体、非晶体、准晶体的结构特点

根据材料中原子、分子的排列规律,可以将材料分为晶体(crystal)、非晶体(amorphous)和准晶体(quasicrystal)三大类。晶体具有一定的几何外形,其基本特点是晶体内部的原子(或离子、分子)在三维空间以一定周期性重复排列而成。非晶体不具备特定的形状,组成非晶态固体原子(或离子、分子)的排列没有规律性,因此非晶体的排列是无对称性的[16]。准晶体具有一定的几何外形,其原子(或离子、分子)的排列具有长程准周期平移序和晶体非旋转轴对称性。晶体、非晶体和准晶体都以自然形成和人工合成的形式存在。准晶体晶体与非晶的区别不取决于化学成分而取决于结构,例如陶瓷几乎是非均一性的物质,但陶瓷由一种或多种晶体组成[18]。

1.2.1 晶体

在晶体学中用布拉维(Bravais)点阵来描述晶体的周期性,指出所有晶体对应的晶格都是十四种布拉维格子(表 1－1 所列为七大晶系及十四种格子点阵的相关参量[19])中的一种,以点阵表示出晶体的周期性与对称性。晶体的周期性限制其对称旋转轴只有一次、二次、三次、四次和六次等旋转轴和反轴,从图 1－2 的晶体中不同的对称性的图[20]中观察到可重复的三次、四次和六次的旋转对称的晶体结构单元,而五次旋转对称的晶体结构单元无法重复。

表1-1 十四种布拉维格子点阵的相关参量[19]

晶系	点阵符号	特征	单胞参量
三斜	P	$a \neq b \neq c, \alpha \neq \beta \neq \gamma$	$a, b, c, \alpha, \beta, \gamma$
单斜	P,C	$a \neq b \neq c, \alpha = \gamma = 90° \neq \beta$	a, b, c, β
正交	P,C,I,F	$a \neq b \neq c, \alpha = \beta = \gamma = 90°$	a, b, c
四方	P,I	$a = b \neq c, \alpha = \beta = \gamma = 90°$	a, c
立方	P,I,F	$a = b = c, \alpha = \beta = \gamma = 90°$	a
三角	R	$a = b = c, \alpha = \beta = \gamma \neq 90°$	a, α
六角	P	$a = b \neq c, \alpha = \beta = 90°, \beta = 120°$	a, c

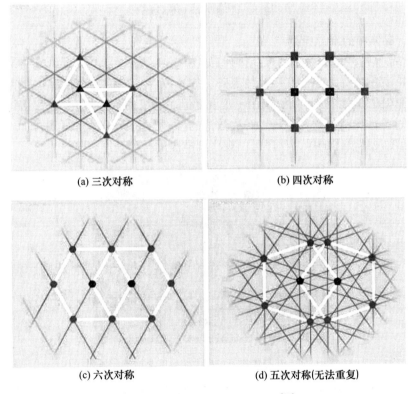

(a) 三次对称　　(b) 四次对称

(c) 六次对称　　(d) 五次对称(无法重复)

图1-2 晶体中不同的对称性[20]

1. 自然界存在的晶体

在自然界存在立方体晶体的萤石(fluorite)，如图1-3所示，萤石晶体常呈块状、粒状集合体，或立方体及八面体单晶。萤石色度高、透明度强，部分萤石还具有荧光特性，其硬度为4，密度为3.18g/cm³。

图 1-3　萤石的晶体结构

2. 晶体中的准晶排列

在晶体排列中能观察到准晶排列,如图 1-4 所示,自上而下看成三维完整的晶体,其中有晶体点阵和准晶体点阵。如果以"不合理"的角度看这张完整的三维晶体图,就能看到一个准晶体(非重复但非随机的空间填充图案)结构。另外,通过晶体的清晰路径还可以解决数论的各种"双色子"等问题,由此可见,以一定角度观察晶体的排列秩序可以观察到准晶的排列秩序。

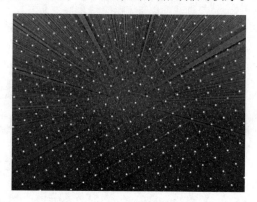

图 1-4　在晶体格子排列中获得准晶格子的排列

晶体有单晶体和多晶体。例如微晶是晶粒尺寸在微米级(10^{-6}m)的单晶体,微晶可用晶体生长仪制备[21-22],其主要用于涂料,以及医疗器械,具有耐磨、塑性好、耐腐蚀等特性。纳米晶是晶粒尺寸在纳米级(10^{-9}m)的单晶或多晶体,一般晶粒尺寸小于 100nm 的晶体称为纳米晶体。晶粒尺寸小于 10nm 的半导体纳米晶体通常称为量子点。用沸石制成的纳米晶体可以用作把原油转换成柴油的过滤器。纳米晶软磁合金是指在非晶合金的基础上通过热处理获得的纳米晶结构的软磁合金,其具有优异的软磁性能。纳米晶材料主要用作太阳能光伏逆变器、电动汽车车载充电机的共模电感及高频变压器铁芯等材料,其具有体积小、重量轻、节能等特点。同样准晶体也有微米、纳米尺寸,具有在微米、纳米尺寸内特性,有待于进一步研究发现准晶体的特异性。

1.2.2 非晶体

非晶体具有无规则的外形和固定的熔点,其内部结构不存在长程有序,但在若干原子间距的较小范围内存在结构上的有序排列——短程有序(如非晶硅a－Si)。晶体形成需要一定时间,晶体物质在熔融状态下可通过急速降温制备非晶物质。

在自然界存在非晶体结构,如松香、传统氧化玻璃、氟化物玻璃、非晶态半导体(硫系化合物)、半导体玻璃、金属玻璃、无定形碳以及凝胶等。非晶体的松香(图1－5)主要组成是树脂酸,占85%~90%,其余成分为脂肪酸和中性物。松香的密度:$1.070 \sim 1.085 \text{g/cm}^3$,软化点:62~82℃,沸点:250℃/5mmHg,溶解度(氯仿):0.1g/mL,水溶解性:可溶于乙醇、苯和乙醚,不溶于水,其闪点:216℃,易氧化,燃烧时发出大量浓黑烟,雾状粉尘自燃点:130℃,与空气混合爆炸下限值:12.6g/m^3。松香具有易结晶的特性,即在厚而透明的松香块中出现树脂酸晶体,使松香变浑浊。结晶松香的熔点增高(110~135℃),难于皂化,在一般有机溶剂中有析出晶体的趋向,使非晶转化晶体成为可能。非晶体也可以向准晶体转化,其中部分准晶相的形成是在非晶体熔融状态急冷形成的。

图1－5 天然松香的非晶体结构

1.2.3 准晶体

1. 自然界存在的准晶

准晶体是一种介于晶体和非晶体之间的固体。准晶体具有与晶体相似的长程有序的原子排列,但准晶体不具备晶体的平移对称性[1],因而准晶体具有晶体所不允许的宏观对称性。

在自然界中也存在准晶结构。例如五次轴旋转对称的准晶结构的海胆,如图 1-6 所示。海胆形态特征:呈球形、盘形或心脏形,无腕,内骨骼互相连接,形成一个坚固的壳。海胆由 20 多行多角形骨板排列成十带区,五个具管足的步带区和五个无管足的步带区相间排列,各骨板上均有疣突和可动的长棘。从海胆这个结构上可以看出五次轴旋转对称性,符合准晶的排列方式。

图 1-6 海胆的五次轴旋转对称的准晶体结构

2. 准晶的排列

叠加九个平面波围绕"太阳"中心"旋转"形成准晶的排列图案如图 1-7 所示,以光亮颜色显示的切片具有一个"重复单位",如果按这个等角"复制单位"旋转八次,就重新生成整个图像,这个图像也是准晶的排列图像,只是太阳区域的近距离重复的图案比准晶体(叠加五个平面波)的近距离重复的图案相距甚远,但不像彗星(叠加二十一个平面波)那么远。超过三个平面波的叠加所组成的图案都是准晶体的图案,但是随着叠加平面波数量的增加,近距离重复图案越离越远。"近距离重复图案"在某种程度上是任意的。重复图案要求越精确,其距离就越远。尽管有很多不精确的重复图案,但是图像中没有完全准确的重复图案。这也说明准晶的准周期是无理数的准周期。用叠加光波可以观察到准晶的排列,因此,通过满足布拉格定律(Law of Bragg)反射条件能够观察到准晶的结构。

图1-7 叠加九个平面波围绕"太阳"中心"旋转"形成准晶的排列图案

准晶具有五重轴对称性,准晶没有两个完全相似的结构,并且准晶相似结构不会出现在规则的格子点位置上。图1-8为叠加五个等角度的平面波而生成的准晶体。

图1-8 叠加五个等角度的平面波而生成的准晶体

1.3 晶体、非晶体、准晶体的区分

晶体、非晶体和准晶体的排列如图1-9所示,其中图1-9(a)是非晶体按无规则排列的拼图,图1-9(b)是晶体按一定周期有规则排列的拼图,图1-9(c)是准晶由锐角分别为36°和72°的菱形单元组成的拼图。在一定的条件下非晶体、晶体和准晶体之间可以相互转换,如液晶是介于晶体有序和非晶体完全无序之间的液体。一些具有长链的有机化合物晶体,当熔成液体后仍具有各向异性的特点,故称为液晶。随着温度升高,分子热运动加剧,液晶最终变成各向同性的液体。这也说明晶体和非晶体之间可以相互转化。金属合金在高温条件下通过急冷制备准晶,准晶通过热处理向近似晶体转变,由此晶体与准晶也可以互相转化。

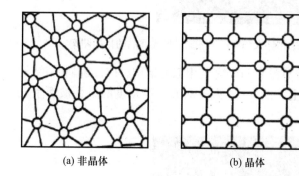
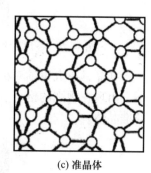

(a) 非晶体　　　　　　(b) 晶体　　　　　　(c) 准晶体

图1-9　晶体、非晶体和准晶体的排列

晶体、非晶体和准晶体因结构的差异而呈现不同的特点[23-24],主要体现在以下几个方面:

晶体有最小的内能最稳定的结构,准晶体经过温度处理向近似晶体转变。非晶体自发向晶体转变,而晶体不能自发向其他物态转变。

晶体、准晶都具有固定熔点。非晶体在整个熔化过程中体系温度是渐变的。

晶体、准晶各向异性。晶体中分为单晶体和多晶体。单晶体是由一个晶核生长成的结构完整的晶体。单晶体内没有晶界。多晶体是由无数小单晶体粒子取向随机地结合而成的晶体。多晶性能取决于各个取向无规则单晶粒子的平均性能。非晶体为各向同性体,各向同性体也称均质体。

晶体、准晶具有均匀性,同方向具有同种特性。非晶也有均匀性,但却是一种统计的均匀性。

晶体、准晶具有自发形成多面体外形的特性,非晶的外形可人工塑造。

晶体具有对称性,准晶具有晶体不具有的五重轴对称性,但准晶不具有晶体的平移对称性。非晶体不存在对称性。

晶体、准晶具有衍射效应。非晶体具有散射效应。

此外,两个(或多个)晶体以晶面特定的取向关系共同生长的晶体,称为"孪晶"(单次孪晶和高次孪晶)。面心立方结构晶体的孪晶面是{111}面,两个孪晶体取向差相当于绕特定的[110]方向旋转70°32′,与360°的1/5的72°十分相近。如果围绕[110]方向连续产生五次旋转对称的孪晶,即会留下7°20′的缝隙。在团簇原子图像中观察到由五个四面体块体按孪晶取向形成的十面体,或在块体中局部区域有五次旋转对称的孪晶(图1-10)。在大多数情况下,由于结构弛豫,缝隙会接合,从而产生附加的五次旋转对称性,但每个孪晶体内部仍保留平移周期性[25]。图1-10(a)为合金中五次旋转对称的孪晶的高分辨图像,连续产生的孪晶留下的缝隙被均匀弛豫掉。图1-10(b)是图1-10(a)的图像处理后的图,从图中明显看出孪晶具有五次旋转对称性,这说明孪晶晶体中存在着准晶结构。

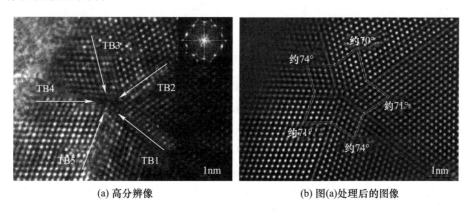

(a) 高分辨像　　　　　　　　(b) 图(a)处理后的图像

图1-10　面心立方合金中五次旋转对称的孪晶[25]

晶体、准晶和非晶的三者之间在一定条件下可以相互转化,根据显微结构、晶体结构、原子结构以及晶体相等能够判断出晶体、准晶和非晶的区别。

准晶也有单相准晶和孪生准晶之分。单相准晶由一个准晶晶胞构成,孪生准晶则由两个或两个以上的准晶晶胞构成。如图1-11所示,一个五边形单元 *ABCDE* 各边延伸出去可以得到一个五角星形 *FGHIJ*,由于五边形单元 *ABCDE* 对角线长 $AC=\tau$,而 $CH=AC$,线段 *JH* 被分为三段,其比值为 $\tau:1:\tau$,如果将这些顶点连接起来,将形成一个大的倒置的五边形 *FGHIJ*,其边长为 $HI=HD=1+\tau=\tau^2$。在这个五边形单元 *ABCDE* 经过 τ^2 膨胀得到五边形 *FGHIJ*,在 *FGHIJ* 内中心处有一个较小的倒置的五边形单元 *ABCDE*,另有五个同样大小的三角形围绕其周围,这五个大小相同的三角形也可以看作 5/2 个 36°菱形。按照这样的方式继续膨胀下去,将产生一个 τ^4 的五边形。相反五边形单元 ABCDE 也可以缩小,在中心处产生一个边长为 τ^{-2} 的倒置小五边形。这样膨胀/缩小过程可以无穷重复下去[19]。

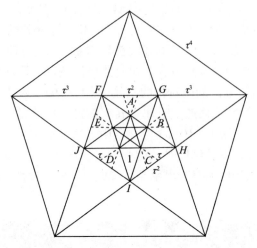

图 1-11　正五边形和五角星形的 τ^2 倍膨胀与 τ^{-2} 倍收缩[11]

在 $Al_{13}Co_4$、$\tau^2-Al_{13}Co_4$、$\tau^3-Al_{13}Co_4$ 和 $\tau^4-Al_{13}Co_4$ 结构中 Co 原子所在的五边形的边长呈 τ^2、τ^3 和 τ^4 递增,这些五边形单元结构在晶体中呈周期性排列,而在准晶中却呈准周期排列。在 $Al_{13}Co_4$ 结构的基础上,晶格参数膨胀越大,与准晶的近似程度就越高,也就是说 Al-Co 十次旋转对称准晶不仅是 $Al_{13}Co_4$ 家族中的一员,而且是这一家族中的极限成员,它在准周期平面上具有无穷大的单胞。由于单斜 $\tau^n-Al_{13}Co_4$ 具有五边形亚结构单元,其五边形单元具有五次旋转对称特征,因此在单斜相中极易形成错层、孪晶等多种形态的微畴结构[19]。

借助晶体结构的表示方法,用倒易空间格子表示准晶的结构。准晶结构的倒易格子或者衍射点满足以下三个条件:

(1) 衍射图案是三角函数衍射点的集合。

(2) 表示倒易格子或者衍射点分布的矢量数大于其维数(实际准晶用四个以上矢量表示)。

(3) 晶体不具有对称性。

根据以上衍射点满足的三个条件,在具体实验中判断准晶的存在与否。Al-Mn 准晶电子衍射图如图 1-12 所示,按不同角度的旋转轴得到五次、三次、两次对称的衍射图案,其结构符合二十面体对称轴的空间分布的[1]。

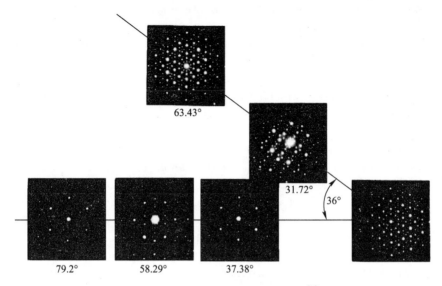

图 1-12 Al-Mn 准晶电子衍射图[1]

参 考 文 献

[1] Shechtman D,Blech I,Fratias D,et al. Metallic phase with long-range orientational order and no translational symmetry[J]. Phys. Rev. Letter,1984,53:1951-1953.

[2] 董闯. 准晶材料[M]. 北京:国防工业出版社,1998.

[3] 王仁卉,胡承正,桂嘉年. 准晶物理学[M]. 北京:科学出版社,2004.

[4] Tsai A P,Inoue A,Masumoto T. Stable decagonal Al-Co-Ni and Al-Co-Cu quasicrytals [J]. Mater. Trans. JIM,1989,30:463-473.

[5] Yamamoto K,Wang Y,Nishimura Y,et al. Synchrotron X-ray study of phason and phonon strains in a Co-rich Al-Ni-Co decagonal phase[J]. Materials Transactions,2004,45:1255-1260.

[6] Yang Z L,Chen D M,Tian S L,et al. Numerical simulation on directional solidification of Ai-Ni-Co alloy based on FEM[J]. China Foundry,2010,1:57-60.

[7] Yamamoto K,Wang Y,Nishimura Y,et al. The successive phase transformation in a Co-rich Al-Ni-Codecagonal phase[J]. Journal of Alloys and Compounds,2002,342:237-240.

[8] Wang Y,Yamamoto K. Effect of heat treatment on Al-Ni-Co single quasicrystal phase [J]. Transactions of Materials and Heat Treatment,2011,32:13-16.

[9] Bindi L,Steinhardt P J,Yao N,et al. Natural Quasicrystals[J]. Science,2009,324(5932):1306-1309.

[10] Steinhardt P,Bindi L. Once upon a time in Kamchatka:the search for natural quasicrysals [J]. Philosophical Magazine,2010,91(19-21):1.

[11] Peter J L,Paul J S. Decagonal and quasi-crystalline tilings in medieval islamic architecture[J]. Science,2007,315(5815):1106-1110.

[12] Makovicky E. Comment on decagonal and quasi-crystalline tilings in medieval islamic architecture [J]. Science,2007,318(5855):1383.

[13] Rudenko A N, Mazurenko V G. Calculation of vibrational spectra of an icosahedral quasicrystal AlCuFe [J]. Crystallography reports,2007,52(6):1025-1029.

[14] Zaitsev A I, Zaitseva N E, Arutyunyan N A, et al. Thermodynamic study of liquid crystalline and quasi-Crystalline Al-Mn phases[J]. Journal of Phase Equilibria and Diffusion,2008,29(1):20-29.

[15] Deguchi K, Matsukawa S, Sato N, et al. Quantum critical state in a magnetic quasicrystal [J]. Nature Materials,2012,11:1013-1016.

[16] Liu Y J, Aizawa M. Comparative examination of titania nanocrystals synthesized by peroxo titanic acid approach from different precursors[J]. Journal of Colloid and Interface Science,2008,322:497-504.

[17] Hong Y J, Brungs M P, Chaplin R P, et al. Crystallisation of Titania prepared via the peroxo and normal sol gel routes[J]. Journal of Sol-Gel Science and Technology,2004,31:79-82.

[18] An X, Lin Q, Wu S, et al. Formation of fivefold deformation twins in an ultrafine-grained copper alloy processed by high-pressure torsion[J]. Scripta Mater,2011,64:249-252.

[19] 马秀良,叶恒强,郭可信. 材料科学与工程著作系列:材料科学研究中的经典案例(第1卷第四章准晶体的发现)[M]. 北京:高等教育出版社,2014.

[20] The discovery of quasicrystals[EB/OL]. [2011-10-5]. https://www.nobelprize.org/uploads/2018/06/advanced-chemistryprize2011.pdf.

[21] Masaoka K, Hasegawa M. A study on increase in crystal growth rate of sodium chloride caused by adhesion of suspended fine crystals in mother liquid[J]. Bull. Soc. sea water Sci. Jpn. ,2007,61:29-33.

[22] Masaoka K, Misumi R, Nishi K, et al. Study on mechanism in crystal growth with adhesion Phenomena of suspended fine crystals in mother Liquid[J]. Bull. Soc. Sea Water Sci. Jpn. ,2014,68:251-257.

[23] 贺蕴秋,王德平,徐振平. 无机材料物理化学[M]. 北京:化学工业出版社,2005.

[24] 张志杰. 材料物理化学[M]. 北京:化学工业出版社,2008.

[25] 叶恒强. 准晶闪耀光芒[J]. 科学,2012,64:57-60.

第2章 准晶的形成机理

2.1 准晶的生长

准晶的形成与晶体生长规律的关系十分密切。在急冷淬火过程中,过饱和固溶体和其他金属间化合物会在晶体形成过程中伴随着准晶产生。从准晶物质的形成过程来看,其液相成核至长大过程异于非晶合金,基本与常规晶体一致,属于一级相变过程。准晶形成过程可以分为四种基本形式:从气体到准晶体、从溶体(熔体)到准晶体、从晶体到准晶体、从非晶体到准晶体[1]。

晶体的生长过程是按照原子自发周期性排列进行的,晶面按照周期向外平行推移。与此相类似的准晶在生长过程中具有多重分数维特征,是按照准周期向外平移放大生长的。准晶的生长过程也和晶体一样遵循布拉维法则(law of Bravais)。除此之外,面角守恒定律也适用于准晶的生长过程。利用模板控制准晶生长,如图2-1所示,圆柱状准晶尺寸控制模型,模板1控制柱状准晶的外直径d_1,模板2控制圆柱状准晶的内直径d_2。当$d_2=0$时,柱状准晶为实心的圆柱体准晶;当$d_2>0$时,柱状准晶为空心的圆柱体准晶。准晶的生长形状在模板控制下形成,最后再将模板分离去除,就获得圆柱状准晶。用模板控制的方法可以制备不同尺寸的圆柱状准晶,准晶模板材料可以采用高熔点的石英材料。例如制备准晶与石墨烯等复合材料,用模板控制柱状准晶-石墨烯等复合材料的长度和截面的尺寸。下面分析二十面体的Zn-Mg-Ti准晶生长特点。

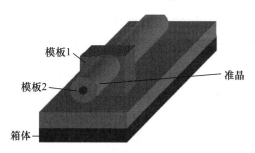

图2-1 圆柱状准晶尺寸控制模型

在Zn-Mg-Ti合金中有典型的准晶相。从Zn-Mg-Ti扫描电镜EDS图谱(图2-2)中可以清晰地观察到 Zn-Mg-Ti 二十面体内部存在一个粒晶六瓣花瓣状的准晶相。根据 Zn-Mg-Ti 的 XRD 衍射谱及能谱成分的测试结果得出六瓣花瓣状准晶相为 Zn-Mg-Ti 准晶相,Zn-Mg-Ti 花瓣以外的相是 $MgZn_2$ 相,Zn-Mg-Ti 花瓣的中心所含 Ti 的量比花瓣末端所含 Ti 的高。在最初形成 Zn-Mg-Ti 的结构中,是以含有 Ti 原子的原子簇为主,所以在准晶相的中心部位 Ti 的含量要高一些。在 Zn-Mg-Ti 这种花瓣状准晶相形核时,是以 Ti 成分含量较高的起伏部分为中心。在凝固的合金熔体中,Zn-Mg-Ti 二十面体团簇具有较低的形核势垒,易于成为核心,使得其他的原子或者团簇依附于其表面长大,当达到临界尺寸后,则在熔体中稳定存在,并在后续的冷却过程中长大[2]。因此,Zn-Mg-Ti 准晶相在 Zn-Mg-Ti 二十面体结构中优先形成,再以 Zn-Mg-Ti 二十面体准晶相为核心形成二十面体结构。

图 2-2　Zn-Mg-Ti 二十面体准晶相的 EDS 图谱[2]

2.2　影响准晶生长的因素

任何物质结构的存在都符合能量最低原则。在一定外界条件下,合金系的稳定结构应满足吉布斯自由能 G 最低的准则,自由能 G 的表达式为

$$G = H - TS \tag{2-1}$$

式中:H 为焓;T 为热力学温度;S 为熵。影响合金稳定性的因素有两方面:一方面是与焓 H 有关,取决于组分原子的性能差异,包括结构的几何、能带、化学键和电化学等因素;另一方面是与熵 S 有关,取决于环境影响,如压力和温度。准晶形成主要取决于以下五个方面:合金成分、原子尺寸、电子浓度与能级、冷却速度、温度与压力[3]。

2.2.1 合金成分

对一个具体的合金系来说,能否形成准晶、形成什么样的准晶、准晶形成的难易程度等都与合金的成分有着密切的关系,只有在一定成分范围内形成准晶[1]。从图2-3(a)的Al-Cu-Fe-Mn相图(Phase Diagram)[4]中可以观察到,在$Al_{65}Cu_{20}$成分线上($Al_{65}Cu_{20}$ line)的$Al_{65}Cu_{20}Fe_{10}Mn_5$(图2-3(b))、$Al_{65}Cu_{20}Fe_4Mn_{11}$(图2-3(c))的十面体准晶XRD图谱中都有周期相L波峰,以及准周期面上有D相和混合相的波峰。但在图2-3(d)的$Al_{65}Cu_{20}Fe_7Mn_8$图谱中除了观察到有周期相L波峰之外,在准周期面上只存在D相准晶的波峰,不存在混合相的波峰。增加Fe或减少Mn的量都不能形成单一D相,这说明Al-Cu-Fe-Mn在一定组分区域内形成单一D相准晶。

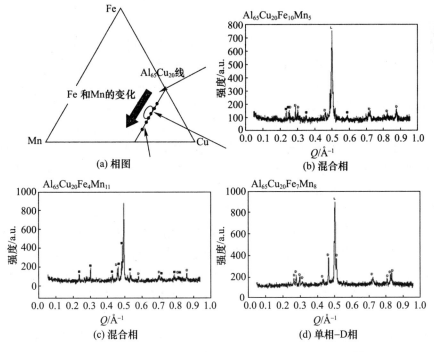

图2-3 Al-Cu-Fe-Mn十面体准晶相图及XRD图谱[4]

不同含量的合金形成不同类型的准晶。在Al-Mn合金中,当Mn含量小于16.0%(原子)时,三维五次对称准晶的形成能力随Mn含量的增加而增强。当Mn含量大于16.0%(原子)时,二维十次对称准晶优先三维五次对称准晶生长。当Mn含量大于22.5%(原子)时,三维五次对称准晶的形成受到抑制[5]。不同元素的合金系形成的准晶类型也不同,在 Al 与 V – Ⅶ 金属的合金系中主要生成三维五次对称准晶,在 Al – Ⅷ 族金属的合金系中主要生成二维十面体准晶。而在 Al – Mn 等合金系中两种类型的准晶都可能出现[6]。

2.2.2 原子尺寸

根据拉弗斯规则(law of Laves),在其他因素影响较小的条件下,金属元素趋于最大的空间填充、最高的对称性和最多的配位数(即邻近原子的个数)。这说明不同的组元原子进行合理堆砌。准晶是由数目不多的原子构成的独立体系,参加凝聚结合的元素单一,而且主要元素的原子半径大小相近,并以原子半径较小的原子为中心。配位原子半径 R 与中心原子半径 r 之比小于 1.1085 时比较容易形成准晶[1]。

2.2.3 电子浓度与能级

准晶是一种电子型金属间化合物,其形成及结构稳定性主要由电子浓度因素控制,价电子浓度是影响准晶稳定性的重要因素[7-8]。准晶的形成与组元的电子结构特点之间也存在一定的对应关系。用描述晶态相的休姆 – 罗塞里(Hume – Rothery)理论分析 Al – 过渡族金属二元合金的准晶形成因素,这种形成因素与合金的平均价电子浓度 e/a 有关。Al 基二元二十面体准晶电子大都为 $e/a = 1.86$,或接近这一数值。Al 基三元准晶系(如 Al – Cu – Co 和 Al – Ni – Co)准晶的电子浓度也接近 $e/a = 1.86$。根据电子浓度理论分析三元准晶相与其晶体学类似相位于等电子浓度线附近,把这种现象也称为准晶等电子浓度线现象。三元准晶相与二元准晶相存在密切联系,它们同第三组元一起落在同一变电子浓度线上,把这种现象称为准晶变电子浓度线现象。理想成分三元准晶的相位于准晶等电子浓度线和准晶变电子浓度线的交点上。利用这一特点可以确定准晶的成分区域。图 2 – 4 为 Al – Fe – Ni 三元相图[7],呈现准晶等电子浓度线($e/a = 1.86$)现象特征,$Al_{13}Fe_4$、Al_5FeNi 及 Al_3Ni_2 等准晶类似相都在准晶等电子浓度线上。

D – $Al_{86}Fe_{14}$ 和 D – $Al_{80}Ni_{20}$ 为二元十次准晶[9-10],分别在 $Al_{86}Fe_{14}$ – Ni、$Al_{80}Ni_{20}$ – Fe 的准晶变电子浓度线上,$Al_{86}Fe_{14}$ – Ni、$Al_{80}Ni_{20}$ – Fe 的准晶变电子浓度线与准晶等电子浓度线($e/a = 1.86$)的交点分别对应着 Al – Fe 型和 Al – Ni 型的三元准晶相。准晶相 D – $Al_{72.5}Fe_{14.5}Ni_{13.0}$ 和 D′ – $Al_{70.5}Fe_{12.0}Ni_{17.5}$ 分别具有 Al – Fe 型和 Al – Ni 型的二元准晶的电子衍射特征[11]。因此通过准晶等电子浓度线和准晶变电子浓度线可以确定准晶相存在范围。

稳定准晶的光电子能谱在费米(Fermi)能级附近存在赝能系[12]。稳定准晶的电子比热系数远小于偏离稳定准晶化学计量比的合金的电子比热系数[13],这些都说明准晶态密度在费米能级存在赝能系,从二十面体对称和立方体对称性 Al-Mn 原子的电子结构的计算结果[14]发现具有二十面体对称性的 Al-Mn 的原子团在费米面附近的能态密度比具有立方堆成的原子团的能态密度大。另外也发现在 Al-Mn 合金中二十面体准晶相的能带与相应的晶态合金相的能带相比,在准晶带隙的边界出现高密度的带隙。具有二十面体准晶的特殊对称性和准周期性对能带结构及费米面附近的能态密度产生较大影响。因此形成准晶的元素应该是对费米面附近的能态密度贡献较大的元素。

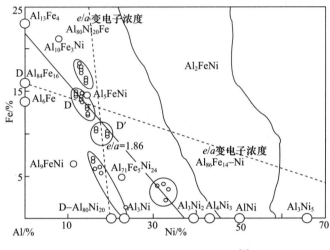

图 2-4　Al-Fe-Ni 三元相图[7]

D—$Al_{72.5}Fe_{14.5}Ni_{13.0}$;D'—$Al_{70.5}Fe_{12.0}Ni_{17.5}$;O—各相成分

2.2.4　冷却速度

采用快速凝固法制备准晶合金时,冷却速度应控制在一个适应的范围。当冷却速度不够大时,原子簇趋向在三维空间周期性排列,从而形成晶体。反之,当冷却速度过大时,在冷却过程中会生成过饱和固溶体,乃至非晶体。因此,在准晶制备过程中冷却速度需要调节到适于准晶形成的速度。当二十面体短程有序结构在熔体中的体积百分含量增大时,将有利于在合金熔体中形成二十面体准晶相[15-18]。这种准晶结构在很大程度上保留了熔体中的二十面体局域短程有序结构,这表明在合金熔体与二十面体准晶之间存在着明显的结构遗传性。例如在不同的凝固条件下制备的 Mg-Zn-Y 准晶合金,当冷却速度从 13.2K/s 增加到 69.8K/s 时,Mg-Zn-Y 准晶合金的二十面体准晶相(I 相)的析出温度升高,其显微组织主要由 αMg 相、I 相、Mg_7Zn_3 相组成。与此同时 Mg–Zn–Y 准晶合金的形态也发生变化,随着冷却速度降低,Mg–Zn–Y 准晶合金的形貌组织从五(六)花瓣形变成五角形。由此可见冷却速率对准晶相的形成,形貌组织等都有影响[19]。

2.2.5 温度与压力

温度与压力是制备准晶过程中不可忽略的参量,温度升高有利于结构熵的增大,由此可以解释一些准晶仅在高温才稳定的现象,压力则可使结构趋于更密堆积。根据经典形核理论,在液相中形成一个晶核,需要克服形核功 ΔG^*,其表达式[20]为

$$\Delta G^* = \frac{16\sigma_{sl}^3}{3\Delta G^2} f(\theta) \quad (2-2)$$

式中:ΔG 为固态和液态自由能差;σ_{sl} 为固态和液态界面能;$f(\theta)$ 为接触角因子,在均质形核系统中 $f(\theta)=1$。ΔG^* 由两部分组成:一部分是 ΔG,它是相变驱动力,促进晶体的形核;另一部分是 σ_{sl},它产生形核势垒,是形核的阻力,根据 Spaepen 模型[16],式(2-2)中的形核阻力 σ_{sl} 可以表达为

$$\sigma_{sl} = \alpha_s \frac{\Delta S_f}{(N_A V_m^2)^{1/3}} T \quad (2-3)$$

式中:ΔS_f 为熔化熵;N_A 为阿伏伽德罗常数;V_m 为摩尔体积;T 为温度;α_s 为与晶体结构相关的参数。由式(2-3)可以看出,参数 α_s 的大小直观地反映晶体形核阻力的大小,涉及晶体结构与熔体结构之间的关系,其中温度是成核的一个重要因素。

二十面体结构是稳定结构,并且在合金液相中大量存在[21]。但是由二十面体结构单元构筑具有周期平移的晶体相是不可能的,因为为了满足晶体的点阵平移对称的要求,二十面体结构单元要产生略微畸变,这样严格的五重轴对称便不存在了。二十面体的晶体相的形核必须完成由二十面体结构向晶体结构的转变过程,而转变时会出现能量势垒,从而增加晶体的形核阻力。相反,具有五重旋转对称的二十面体准晶与二十面体结构之间不存在结构差异,由二十面体结构单元生长成二十面体准晶,不需要进行结构转变,形核所遇到的形核阻力则明显低于晶体相的形核阻力[19]。因此准晶形核相对比晶体形核容易。Al–Mn–Si 正二十面体准晶的电子衍射图[22]如图2-5所示,其衍射点显示准晶的五次旋转对称分布,易形成 Al–Mn–Si 正二十面体准晶。

物质在一定温度、压力的条件下,存在自由能最低的相(稳定相),以及比自

由能高的相(亚稳相),在一定条件下从亚稳相可以向稳定相转变,亚稳相并不是不稳定相。例如金刚石材料在常温常压下既存在亚稳相,也存在 αFe 相和石墨的稳定相。

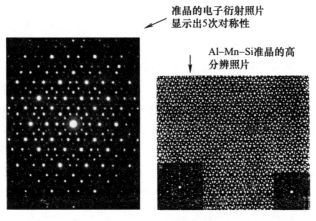

图 2-5 Al-Mn-Si 正二十面体准晶的电子衍射图[22]

2.3 准晶的分类

准晶具有晶体不允许的五次对称性的结构。晶体通常由一个单晶胞构成,而准晶则由多个单晶胞构成,多个单晶胞具有定向排序,准晶的衍射点到中心的距离之比为黄金分割比 $\tau(\tau = (1 + \sqrt{5})/2 = 1.618)$。从准晶衍射点的排序可以看出准晶的长程有序的结构特点,准晶具有原子分布的严格的位置序,晶体所不允许的点群对称性(如五次对称性),沿对称轴方向具有准周期性,并由多个单晶胞构成,自相似比为 τ(黄金分割比)等特征。按照准晶在热力学上的稳定性,可将准晶分为稳定态准晶和亚稳态准晶两大类,如表 2-1 所列准晶的分类。稳定态二十面体准晶(icosahedral phase:I 相):$Al_{65}Cu_{20}TM_{12}$(TM = Fe,Re,Os)、$Al_{70}Cu_{20}TM_{10}$(TM = Mn,Re)等。稳定态十面体准晶(decagonal phase:D 相):$Al_{70}Ni_xCo_{30-x}$(X = 10~20)、Al-(Cu,Ni)-TM(TM = Co,Rh,Ir)等。亚稳态二十面体准晶:Al-TM(TM = V,Cr,Mn,Re,等)、Al-(Mn,Cr,Fe)-(Si,Ge)、Al-(Cu,Pd)-TM(TM = Cr,Mn,Co,Fe. Ru,Re,Os)、Mg-Al-(Zn,Cu,An,Pd),$Ti_{45}Zr_{38}Ni_{17}$等。亚稳态十面体准晶:Al-TM(TM = Mn,Co,Fe,Pd)、Al-(Cu,Ni,Pd)-TM(TM = Fe,Ru,Re,Co,Rh,Ir)等。

根据准晶在三维物理空间中呈现准周期性的维数,可以把准晶分为三大类,即三维准晶、二维准晶和一维准晶。三维准晶是准晶原子在三维物理空间上都是准周期分布的。三维准晶有二十面体准晶和立方准晶。其中二十面体准晶又可分为简单二十面体准晶和面心二十面体准晶两种类型。简单二十面体准晶有 Al-Mn(Al-Mn-Si)Mg-Zn-Sc、Ti-Ni、Al-Li-Cu 等。面心二十面体准晶有 Al-Cu-Fe、Al-Pb-Mn、Al-Mg-Li、Zn-Mg-Re、Ho-Mg-Zn、Mg-Zn-Y-Zr 等。二十面准晶有三种团簇：Macka 型准晶团簇、Bergman 型准晶团簇以及 Tsai 型准晶团簇。准晶的团簇与位错也有相关性。

二维准晶是准晶原子在二维准周期面中呈准周期分布的，准晶原子在一维方向(与准周期面垂直)呈周期分布。二维准晶有四种类型，即十次准晶[23]、十二次准晶[24]、八次准晶[25]和五次准晶。这些二维准晶沿其周期性方向分别具有十次旋转轴、十二次旋转轴、八次旋转轴和五次旋转轴。在二维准晶中以 D 相稳定态存在的准晶研究较多，例如 Al-Ni-Co 的 D 相随温度变化其结构发生变化[26]，随成分的变化准晶相也发生变化[27]，以及 Al-Ni-Fe 的 D 相准晶的无中心对称等。二维准晶 D 相的结构呈现出准周期面的层与层以周期性叠加，在 2、4、6、8 的准周期面层，其对应的周期分别为 0.4nm、0.8nm、1.2nm、1.6nm。

一维准晶是准晶原子在二维周期平面呈周期性分布的，准晶原子在一维方向(与周期面垂直)是准周期分布的。在 Al-Cu-Mn、Al-Cu-Co 及 Al-Ni-Si 等合金中发现一维准晶，这些一维准晶都是二维十次对称准晶的转变产物[28]。这也说明在一定条件下三维准晶转换成二维准晶，二维准晶也转变成一维准晶。

表 2-1 准晶的分类

准晶类型	亚稳态	稳定态
三维准晶	$Pb_{60}U_{20}Si_{20}$	Al-Mn
	$Ga_{10}Mg_{18}Zn_{21}$	$Mg_{1.8}Zn_{2.1}$
	$Mg_{45}Pd_{14}Al_{41}$	Mg-Zn-Re
正二十面体相	$Al_{72}Mn_{20}Si_8$	$Al_{72}Mn_{20}Si_{18}$
	$Al_{72}V_{20}Si_8$	$Al_{65}Cu_{20}Fe_{15}$
	Al_5Mg_4Cu	$Al_{70}Pb_{20}Mn_{10}$
	$Mg_{32}(Al,Zn)_{49}$	$Al_{70}Pb_{20}Re_{10}$
	$Al_{50}Mg_{35}Ag_{15}$	$Al_{65}Cu_{20}Ru_{15}$
	Al_6Li_3Au	$Al_{65}Cu_{20}Os_{15}$
	$Ti_{56}Ni_{28}Mn_{10}$	$Al_{71}Pb_{21}Mn8$
	$V_{41}Ni_{36}Si_{23}$	Al_5Li_3Cu
	$Al_{40}Mn_{25}Cu_{10}Ge_{25}$	$Zn_{56}Mg_{36}Y_8$
		$Zn_{56}Mg_{36}Gd_8$
		Cd-Yb

续表

准晶类型		亚稳态	稳定态
二维准晶	正十二角形相	$Cr_{70.6}Ni_{29.4}$ V_3Ni_2 $V_{15}Ni_{10}Si$	
	正十角形相	Al_4Mn $Al-Fe$ $Al-Pb$ $Al-Cr-Si$	$Al_{70}Co_{15}Ni_{15}$ $Al_{65}Co_{20}Cu_{15}$
	正八角形相	$Cr_5Ni_3Si_2$ $V_{15}Ni_{10}Si$ $Mn_{82}Si_{15}Al_3$	
一维准晶 Fibonacci 相		$Al_{65}Cu_{20}Co_{15}$ $Al_{65}Cu_{20}Mn_{15}$	$Al_{75}Pd_{15}Fe_{10}$

参 考 文 献

[1] 肖华星. 引人注目的新材料——准晶材料Ⅲ:准晶的形成[J]. 常州工学院学报,2004,17(2):1-6.

[2] 张永青. Zn-Mg-Ti 准晶中间合金的制备及其在 ZA27 中的应用[D]. 山西:太原理工大学,2010.

[3] 董创. 准晶材料[M]. 北京:国防工业出版社,1998.

[4] Wang Y,Yamamoto K. X-ray study of phason strains in an AlCuFeMn decagonal phase[J]. Materials Transaction,2017,58:847-851.

[5] 易丹青,李松瑞. 准晶的研究及其进展[J]. 材料科学与工程,1991,1:7-14.

[6] 郭可信. 准晶的研究进展[J]. 自然科学进展-国家重点实验室通讯,1991,4:289-294.

[7] 羌建兵,王英敏,陈伟荣,等. Al 基三元准晶相图的电子浓度特征[J]. 材料研究学报,2002,5:500-506.

[8] Tsai A P. Metallurgy of quasicrystals:physical propertiesof quasicrystal[M]. Berlin:Springer,1999.

[9] Fung K K,Yang C Y,Zhou Y Q,et al. Icosahedrally related decagonal quasicrystal in rapidly cooled Al-14-at.%-Fe alloy[J]. Phys. Rev. Lett. ,1986,56:2060-2063.

[10] Li X Z,Kuo K X. Decagonal quasicrystals with different periodicities along the tenfold axis in rapidly solidified Al-Ni alloys[J]. Phil. Mag. Letter. ,1988,58:167-171.

[11] Qiang J B,Grushko B,Freiburg C,et al. Formation rule for Al-based ternary quasi-crystals:Example of Ai-Ni-Fe decagonal phase[J]. J. Mater. Rev. ,2001,16:2653-2660.

[12] Stadnik Z W. Photomission studies of quasicrystals[J]. Mater. Sci. Eng. ,2000,294-296:470-474.

[13] Biggs B D,Poon S J,Munirathnam N R. Stable Al-Cu-Ru Icosahedral crastals:A new class of electronic alloys[J]. Phys. Rev. Lett. ,1990,65:2700-2703.

[14] McHenry M E,Eberhart M E,O'Handley R C,et al. Calculated electronic structure of icosahedral Al and

Al – Mn alloys[J]. Phys. Rev. Lett. ,1986,56(1):81 – 84.

[15] Reichert H,Klein O,Dosch H,et al. Observation of five – fold local symmetry in liquid lead[J]. Condensed – matter Science,Nature,Letters,2000,408:839 – 841.

[16] Spaepen F. Five – fold symmetry in liquids[J]. Nature,condensed – matter science,2000,408:781 – 782.

[17] Xing L Q,Eckert J,Loser W,et al. Effect of cooling rate on the precipitation of quasicrystals from the Zr – Cu – Al – Ni – Ti amorphous alloy[J]. Applied Physics Letters,1998,73(15):2110.

[18] Kelton K F. Crystallization of liquids and glasses to quasicrystals[J]. Journal of Non – Crystalline Solids,2004,334&335:253 – 258.

[19] Wang Y M,Wang Z F,Zhao W M. Effects of cooling rate on quasicrystal microstructures of Mg – Zn – Y alloys[J]. Advanced Materials Research,2010(160 – 162):901 – 905.

[20] 胡汉起. 金属凝固原理[M]. 北京:机械工业出版社,2000.

[21] Frank F C. Supercooling of liquids[J]. Proceedings of the Royal Society of London A,1952,215:43 – 46.

[22] 黄昆. 固体物理学[M]. 北京:北京大学出版社,2014.

[23] Bendersky L. Quasicrystal with one – dimensional translational symmetry and a tenfold rotation axis [J]. Phys. Rev. Lett. ,1985,55(14):1461 – 1463.

[24] Ishimasa T,Nissen H U,Fukano Y. New ordered state between crystalline and amorphous in Ni – Cr particles[J]. Phys. Rev. Lett. ,1985,55:511 – 513.

[25] Wang N,Chen H,Kuo K H. Two – dimensional quasicrystal with eightfold rotational symmetry [J]. Phys. Rev. Lett. ,1987,59:1010 – 1013.

[26] 汪洋,山本树一. 热处理对 Al – Ni – Co 单准晶相的影响[J]. 材料热处理学报,2011,32:13 – 16.

[27] Yamamoto K,Wang Y,Nishimura Y,et al. The successive phase transformation in a Co – rich Al – Ni – Co decagonal phase[J]. J. Alloys and Comp. ,2002,342:237 – 240.

[28] Chen H,He Y,Burkov S E,et al. Highresolution electron microscopy study an model ingofoctagnonal and decagonal quasicrystals[J]. Bull. A. P. S. ,1990,35:522.

第3章 准晶的结构及缺陷

晶体具有平移长程序,平移长程序或称平移对称、平移周期性。而对于非理想晶体,当平移周期性遇到障碍时,引起晶体缺陷,如点缺陷(空位)、间隙原子、线缺陷(位错)、面缺陷(层错)等,将倒易空间晶体的周期和缺陷等研究方法运用到准晶的准周期、缺陷等研究体系中。

3.1 晶体的周期及缺陷

在晶体中,原子(或离子、分子)按照一定的方式在空间做周期性的排列,隔一定的距离重复出现,具有三维空间的周期性。晶体的周期可以用点阵(或晶格)来描述。点阵(或晶格)是按晶体结构的周期性规律,抽象成一组几何上的点(或线)来表示。点阵点所代表的具体的晶体结构的内容,通称结构基元。结构基元的具体内容和素晶胞的内容是一致的[1]。

晶体结构中质点排列的某种不规则性或不完善性,又称晶格缺陷。晶格缺陷表现为晶体结构中局部范围内,质点的排布偏离周期性重复的空间格子排列规律而出现错位的现象。晶体结构缺陷的示意图如图3-1所示,晶体结构缺陷分为点缺陷、线缺陷、面缺陷。

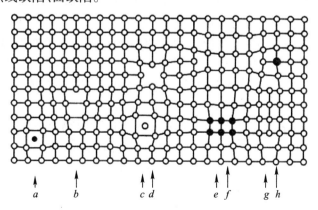

图3-1 晶体的缺陷示意图

晶体的点缺陷是在晶体结构的某些位置发生，并且其影响只局限于邻近几个原子范围内。图3-1中 a 箭头指向的区域，呈现出点缺陷。点缺陷包括热缺陷、组成缺陷和电荷缺陷。晶体中的热缺陷是由于原子（或离子）受到激发而脱离正常平衡位置所产生的缺陷。热缺陷又分为弗仑克尔缺陷（Frenkel Defect）和肖特基缺陷（Schottky Defect）。组成缺陷是指杂质原子进入晶体引起晶格畸变，或外界环境等因素引起基质产生空位的一种缺陷。电荷缺陷是由电子和空穴引起的，晶体内的原子或离子的外层电子由于受到外界的激发（热、光等）有少部分电子脱离原子核对它的束缚，而成为自由电子，与自由电子相对应产生空穴。电子和空穴也是晶体的一种缺陷。虽然未破坏离子（原子失去电子成为离子）排列周期性，但由电子和空穴形成附加电场，引起周期势场的畸变，造成晶体的不完整，称为电荷缺陷。电荷缺陷的存在使晶体的绝缘性变差，还会与其他缺陷结合，形成一些新的缺陷。此外色心是一个负离子缺位和一个被束缚在缺位库伦场中的电子所形成的缺陷[2]。晶体的点缺陷引起的晶体局部发生变化，也会引起晶体局部相的变化。

晶体的线缺陷是晶体在结晶时由于杂质、温度变化或振动产生的应力作用，或者由于晶体受外界应力，使晶体内部质点排列变形，原子行列相互滑移，从而形成晶体线状的缺陷，线缺陷也称位错（图3-1中 b 箭头指向的区域）。位错包括刃位错和螺位错。刃位错也称棱位错。当晶体受到局部压缩作用时，晶体内部出现额外的半晶面，局部原子间距不均匀，形成线缺陷。螺位错也称螺旋位错，若在剪切应力作用下，晶体左右两部分在滑移面移动一个原子间距，依次盘旋向下，那么每转一圈就比原来的出发点降低一层原子层，这种缺陷称为螺旋位错。位错是晶体中的线缺陷，但不是几何意义的线，严格说它是有一定尺度的管道。在位错线附近有很多的集中应力区域，在这些区域原子的能量比其他理想晶格原子能量高，因此比较容易运动[2]。

面缺陷包括晶面、晶界及镶嵌块等缺陷。由于在晶体表面处的离子或原子存在着不饱和键，所以具有较大的反应活性。又因晶体表面结构的不对称，点阵受到扭曲变形，因而晶体表面的能量比晶体内的能量高，在晶体表面容易吸附气体分子，例如 TiO_2 表面吸附 NO 气体后有 N_2 气体脱附[3]，利用 TiO_2 表面存在不饱和键，TiO_2 晶体表面能量比其晶体内的能量高，通过热处理使 TiO_2 表面产生氧空位，吸附 NO 后脱附出 N_2。这也利用 TiO_2 晶体表面的线缺陷和面缺陷的结构特点，吸附 NO 气体。晶界是晶粒间界的简称。晶粒之间位向不同，因此晶界是晶粒从有序到无序区域的过渡地带。镶嵌块是单晶体内尺寸 $10^{-8} \sim 10^{-6}$ m 的小晶块，相互间以几秒几分的小角度稍有倾斜地相交，形成镶嵌结构。另一种面缺陷是大角度晶界，它是多晶体中取向各异的晶粒间的界面缺陷。晶界对陶瓷、金属复合材料等多晶材料的性能有显著的影响,特别是对蠕变、强度等力学性能和极化、损耗等介电性能和光催化性能等影响较大。此外,通过热处理或添加元素等使晶体的缺陷发生变化,还能产生新的缺陷等[2]。

  图3-2为Fe-N共掺杂TiO_2纳米管阵列的XPS全谱图[4]。从图3-2(a)中可以看出,Fe-N共掺杂TiO_2的XPS谱图中含有Ti、O、Fe和N元素。从图3-2(b)的Fe2p高分辨XPS谱图中位于710.7eV和724.5eV的波峰分别归属于$Fe2p_{1/2}$和$Fe2p_{3/2}$,这表明Fe元素是以Fe^{3+}的形式取代TiO_2中部分Ti^{4+}进入了TiO_2晶格中,形成Ti-O-Fe网络结构[5]。在图3-2(c)的N高分辨XPS谱图中位于(402±0.2)eV附近的波峰归属于吸附的零价态的N[6],位于(396±0.2)eV处的XPS峰则属于$β-N(N^{3-})$[7],这主要是由于TiO_2纳米管阵列在由无定型转变为锐钛矿型的过程中,部分N以取代晶格中氧的形式进入TiO_2晶格中,形成N-Ti-O网络所致。在Fe-N共掺杂TiO_2中,由Fe^{3+}和N^{3-}分别形成的Ti-O-Fe和N-Ti-O的网络结构增加TiO_2的活性比表面积和表面缺陷[8-9],二者的协同作用有利于拓宽TiO_2的光响应范围和提高材料的光催化活性[10]。如图3-3所示,Fe、N掺杂以及Fe-N共掺杂TiO_2纳米管阵列光吸收

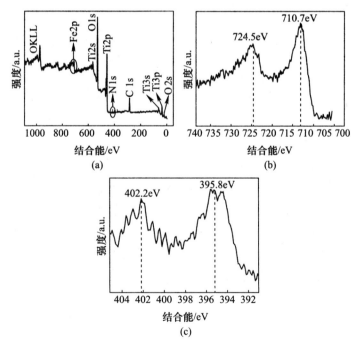

图3-2 Fe-N共掺杂TiO_2纳米管阵列的XPS谱图[4]

带边均发生不同程度的红移,在可见光区的光吸收增强[4]。由此可见掺杂元素引起晶体缺陷,有利于光的吸收。

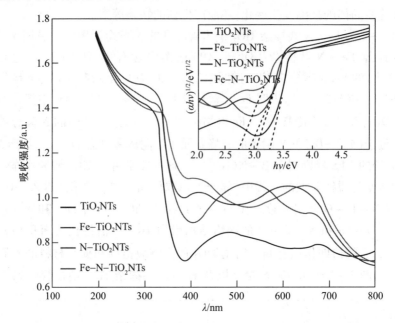

图 3-3 Fe-N 共掺杂 TiO_2 纳米管阵列的紫外线-可见光的吸收光谱[4](见彩图)

3.2 准晶结构的表示法

3.2.1 一维准晶

准晶原子排列具有长程有序、准周期排列。准晶具有五次旋转对称性,且其对角线与底边的比值为黄金比($\tau=1.618$)。准晶的排列没有晶体的周期性,其结构不能按周期性进行分析。一维准晶原子排列可用 Fibonacci 排列序列表示,即 LSLLSLSLSSLSLLS 等排列方式,其中 L 的排列没有 3 个以上重复,S 的排列没有 2 个以上重复的。准晶的 Fibonacci 排列序列也可采用高次投影法获得,通过晶体格子在实空间中的平行子空间 $R_{/\!/}$(平行子空间 $R_{/\!/}$ 与垂直子空间 $R_\perp$ 的相互关系($R_{/\!/} \perp R_\perp$))上的投影,得到准晶的 Fibonacci 排列序列,即一维准晶的排列序列,一维 Fibonacci 排列如图 3-4 所示,其平行子空间 $R_{/\!/}$ 的斜率为无理数。

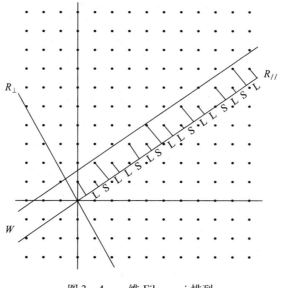

图 3-4 一维 Fibonacci 排列

3.2.2 二维准晶

二维准晶的准周期面和周期方向示意如图 3-5 所示，L 代表周期方向，与 L 方向垂直的面是准周期面。二维准晶结构也可以用 Penrose 拼图表示，这种拼图没有平移对称性，但具有长程有序，以及晶体所不允许的五次旋转对称性。如图 3-6 所示，Penrose 拼图主要由两种不同形状的菱形（宽菱形和扁菱形）构成。

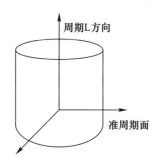

图 3-5 二维准晶的准周期面和周期方向示意

根据晶体格子描述晶体结构方法，用准晶格子描述准晶结构，准晶结构需要特有准晶格子矢量的指数确定其结构，即用晶体格子倒易矢量指数确定的。以 D 相（Decagonal Phase）准晶为例介绍准晶格子矢量的表达式。根据 Yamamoto[11] 建立的晶体格子坐标，以正交因子 $e_j(j=1,2,\cdots,4)$ 表示晶体的五个方向的基本

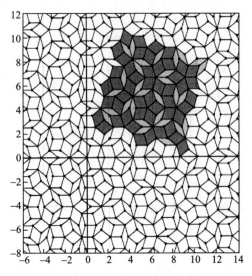

图 3-6 二维 Penrose 拼图

矢量 $d_i(i=0,1,2,\cdots,4)$（旋转后重叠的矢量）

$$d_i = \sum_j M_{ij} e_j \tag{3-1}$$

式中：e_1、e_2、e_5 为物理空间 $Q_{//}$ 的三个方向的矢量；e_3、e_4 为正交辅助空间 $Q_\perp$ 的两个方向的矢量。M 为

$$M_{ij} = A_{5D}\sqrt{\frac{2}{5}}\begin{bmatrix} C_0-1 & S_0 & C_0-1 & S_0 \\ C_1-1 & S_1 & C_2-1 & S_2 \\ C_2-1 & S_2 & C_4-1 & S_4 \\ C_3-1 & S_3 & C_1-1 & S_1 \\ C_4-1 & S_4 & C_3-1 & S_3 \end{bmatrix}$$

$$\left(C_n = \cos\frac{2n}{5}\pi, S_n = \sin\frac{2n}{5}\pi\right) \tag{3-2}$$

d_i 的倒易基本矢量为 d_i^*，其表达式为

$$d_i \cdot d_i^* = \delta_{ij}$$

$$d_i^* = \sum_j {}^t M_{ij}^{-1} e_j \tag{3-3}$$

其中 $(i=0,1,\cdots,4)$ $(j=1,2,\cdots,4)$，${}^t M_{ij}^{-1}$ 的表达式为

$$M_{ij}^{-1} = A_{5D}\sqrt{\frac{2}{5}}\begin{bmatrix} C_0-1 & S_0 & C_0-1 & S_0 \\ C_1-1 & S_1 & C_2-1 & S_2 \\ C_2-1 & S_2 & C_4-1 & S_4 \\ C_3-1 & S_3 & C_1-1 & S_1 \\ C_4-1 & S_4 & C_3-1 & S_3 \end{bmatrix} \tag{3-4}$$

晶体格子基本矢量 d_i 在 $Q_\parallel$ 和 $Q_\perp$ 上的投影矢量分别为 p_i、q_i，其倒易基本矢量 d_i^* 在 $Q_\parallel$ 和 $Q_\perp$ 上的投影矢量分别为 p_i^*、q_i^*，图 3-7 为 p_i^*、q_i^* 倒易基本矢量图。

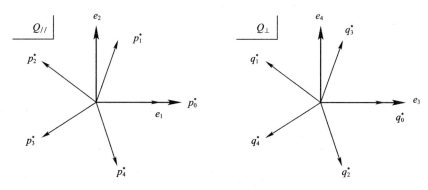

图 3-7　p_i^*、q_i^* 倒易矢量

p_i^*、q_i^* 表达式为

$$p_0^* = A_{5D}^* \sqrt{\frac{2}{5}}(\cos 0 \quad \sin 0) \qquad q_0^* = A_{5D}^* \sqrt{\frac{2}{5}}(\cos 0 \quad \sin 0)$$

$$p_1^* = A_{5D}^* \sqrt{\frac{2}{5}}\left(\cos \frac{1}{5}2\pi \quad \sin \frac{1}{5}2\pi\right) \qquad q_1^* = A_{5D}^* \sqrt{\frac{2}{5}}\left(\cos \frac{2}{5}2\pi \quad \sin \frac{2}{5}2\pi\right)$$

$$p_2^* = A_{5D}^* \sqrt{\frac{2}{5}}\left(\cos \frac{2}{5}2\pi \quad \sin \frac{2}{5}2\pi\right) \qquad q_2^* = A_{5D}^* \sqrt{\frac{2}{5}}\left(\cos \frac{4}{5}2\pi \quad \sin \frac{4}{5}2\pi\right)$$

$$p_3^* = A_{5D}^* \sqrt{\frac{2}{5}}\left(\cos \frac{3}{5}2\pi \quad \sin \frac{3}{5}2\pi\right) \qquad q_3^* = A_{5D}^* \sqrt{\frac{2}{5}}\left(\cos \frac{1}{5}2\pi \quad \sin \frac{1}{5}2\pi\right)$$

$$p_4^* = A_{5D}^* \sqrt{\frac{2}{5}}\left(\cos \frac{4}{5}2\pi \quad \sin \frac{4}{5}2\pi\right) \qquad q_4^* = A_{5D}^* \sqrt{\frac{2}{5}}\left(\cos \frac{3}{5}2\pi \quad \sin \frac{3}{5}2\pi\right)$$

$$(3-5)$$

利用 p_i^*、q_i^* 倒易基本矢量可以表示物理空间和辅助空间的准晶格子矢量，其表达式为

$$Q = \frac{2\pi}{A_{5D}} \cdot \sum_i n_i d_i^* \qquad (3-6)$$

$$Q_\parallel = \frac{2\pi}{A_{5D}} \cdot \sum_i n_i p_i^* \qquad (3-7)$$

$$Q_\perp = \frac{2\pi}{A_{5D}} \cdot \sum_i n_i q_i^* \qquad (3-8)$$

式中:A_{5D}、A_{5D}^*分别为晶体点阵常数以及其倒易矢量的准晶点阵常数。A_{5D}、A_{5D}^*的关系式为

$$A_{5D}^* = \frac{1}{A_{5D}} \qquad (3-9)$$

D 相准晶具有五轴旋转对称性,用倒易基本矢量 d_i^* 在 $Q_{/\!/}$ 和 $Q_\perp$ 上的投影方法获得准晶点阵的矢量,即 $Q_{/\!/}$:p_0^*,p_1^*,p_2^*,p_3^*,p_4^*;$Q_\perp$:q_0^*,q_1^*,q_2^*,q_3^*,q_4^*,其中立方体点阵常数与其倒易空间的点阵常数存在倒数关系。

3.3 准晶的相位子及位错

尽管准晶不存在平移对称性,但还可以定义准晶的缺陷,准晶可以视为高维晶体。因此存在两种缺陷,即与边界相交的高位晶体的缺陷(位错)和边界本身特有的缺陷(相子缺陷)[12]。

1. 准晶的相位子

准晶特有的缺陷是相位子或相子(phason),相位子是相位的缺陷。一维准晶的准周期排列方式为 LSLLSLSLSLSSLSLLS,若在这个排列中出现了 LLL 等,即形成一维准晶结构的缺陷。二维准晶的准周期 Penrose 排列中,相邻的三个以上同种菱形出现,这就形成二维准晶结构的缺陷,这种由相位子产生的变化称为相子应变(phason strain)。相子应变包括线性相子应变(linear phason strain)和随机相子应变(random phason strain)。

线性相子应变有一维线性相子应变(在准周期方向准晶格子排列发生直线偏离)和二维线性相子应变(在准晶面上准晶格子排列顺序发生直线的偏离)。如图 3-8 所示,一维准晶线性相子应变若发生周期性变化,使格子投影的 W 区域带发生倾斜,当其倾斜角度为一定值时,则一维准晶转变为近似晶体。图 3-9 为二维准晶线性相子应变及其矢量示意图,同样二维准晶线性相子应变若发生周期性变化,则二维准晶向一维准晶发生转变。例如 Al-Cu-Ru 正二十面体准晶的线性相子应变,引起衍射点发生偏移,与 $R_{/\!/}$ 交叉格子点附近衍射点的强度由强变弱,与直线 $R_{/\!/}$ 交叉格子点两侧衍射点的强度由弱变强。准晶的线性相子应变是引起准晶生长的结构或准晶生长方向发生变化的主要因素[13]。

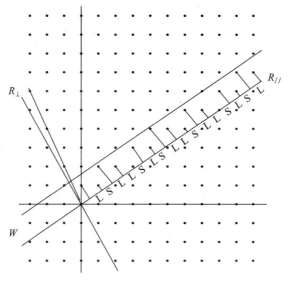

图3-8 一维准晶线性相子应变

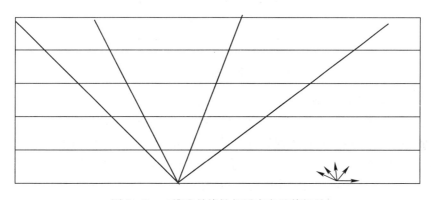

图3-9 二维准晶线性相子应变及其矢量

相子应变还有一种随机相子应变。如图3-10所示,平行方向$R_{/\!/}$格子投影已发生波动的偏离,当格子投影的W区域带的倾斜的平均值为$1/\tau$时,发生随机相子应变。根据格子在正交平行子空间$R_{/\!/}$投影分布可以判断格子规则度。准晶格子在正交平行子空间格子点的分布与随机相位子应变宽度W相对应。准晶的格子规则度越高,正交平行子空间的格子点分布范围越狭窄(W变小)。反之,规则度越低,格子点分布范围越宽(W变大)。通过傅里叶变换的扩展函数分析格子点分布,由原有的格子点分布范围狭窄的区域变为格子点分布范围宽的区域,由原有的格子点分布范围宽的区域变为格子点分布范围狭窄的区域。

经傅里叶变换的扩展函数离散时,格子点的衍射点增多;扩展函数收缩时,格子点衍射点消失。因此,准晶的随机相位子应变,可以根据衍射点的强弱判断格子点分布情况。随机相位子应变和线性位子应变使格子位置发生偏离,引起准晶发生相变。

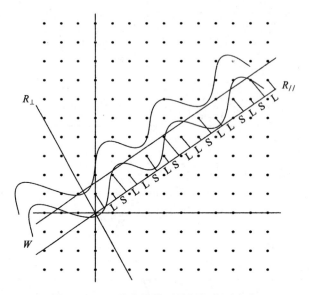

图 3-10　一维准晶排列随机相位子应变

2. 准晶材料的位错

由准晶位错引起准晶材料压电效应的断裂等现象。采用复变函数方法解析一维六方准晶压电双材料中的螺旋位错问题,分析螺旋位错与界面的相互作用,压电双材料中声子场应力,相位子场应力以及电位移的分布特征[14]。图 3-11 为一维六方准晶压电双材料中的螺旋位错的示意图[15],一维六方准晶压电材料 A 和压电材料 B 的电弹性场的表达式分别为

$$f^A(z) = \frac{1}{2\pi i}(\boldsymbol{b}\ln(z-z_0) - \boldsymbol{\Pi b}\ln(z-\bar{z}_0)) \tag{3-10}$$

$$f^B(z) = \frac{1}{2\pi i}(I+\Pi)\boldsymbol{b}\ln(z-z_0) \tag{3-11}$$

式中:z_0 为位错芯位于点;b 为螺旋位错。准晶位错的移动是准晶材料发生塑性变形的关键因素之一,对材料的延展性强度也有着较大的影响,特别是位错移动的速度和耦合弹性常数对声子场和相位子场位移和应力的影响[16],所造成的裂纹等物理现象的出现。另外,在金属合金中加入准晶相也能引起位错变化。

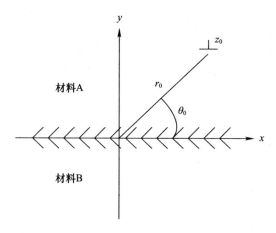

图 3-11　一维六方准晶压电双材料中的螺旋位错[15]

从 Mg-Zn 二元合金中 Zn 原子在位错芯处(图 3-12(a))的偏聚和区域结构演化中,发现沿位错形成的析出相不是 $MgZn_2$、Mg_4Zn_7 等拓扑密堆晶体相,显示准周期性的类似 Penrose 随机拼接结构。这新型二元准周期析出相的结构为由十三个原子构成的二十面体,远小于其他准晶中的 Bergman 团簇(136 个原子)和 Yb-Cd 团簇(158 个原子);而且需要特别指出,所有 Mg-Zn 二元晶体相都是非准晶的近似晶体相。偏聚到位错芯处的部分 Zn 原子首先进入相邻五元环之间的间隙位,形成沿[0001]方向的间隙原子柱(图 3-12(b));随后五元环上的原子发生结构弛豫和重组,产生以[0001]间隙原子柱为中心的二十面体串(图 3-12(c))。新型准晶内的部分二十面体串上沿轴向堆垛的相邻五元环分别由五个 Zn 原子或五个 Mg 原子组成,显示理想的五次旋转对称性。相邻二十面体串通过共边或共面的方式组成夹角为 72°的四棱柱和扁六棱柱(图 3-12(d)),它们绕五个方向随机地平行拼接起来,形成具有类似 Penrose 拼接结构的准周期析出相。随机拼接结构能使体系的熵密度最大化,新型二元 Mg-Zn 准周期析出相具有良好的结构热稳定性。位错直接影响材料的物理、化学等一系列性能,而且可以促进强化相的异质形核析出,从而体现材料显微结构及其演变规律。位错破坏晶体中局域原子堆垛的对称性,在位错芯引入五元环、七元环等基体晶格中不存在的原子构型。Mg-Zn 结构分子动力学模拟示意图如图 3-12 所示,图 3-12(a)为 Mg 柱面位错芯结构图,在图 3-12(b)中用数字 1-5 标出五元环中心的原子柱,在图 3-12(c)中 Zn 原子进入间隙后与位错芯出现的五元环构成的一个二十面体团簇,图 3-12(d)是以 Mg 八面体中心为轴的二十面体串(黑色五边形)在 Mg 基体晶格中构成四棱柱和扁六棱柱的示意图[19]。这些位错引起 Mg-Zn 结构发生变化。

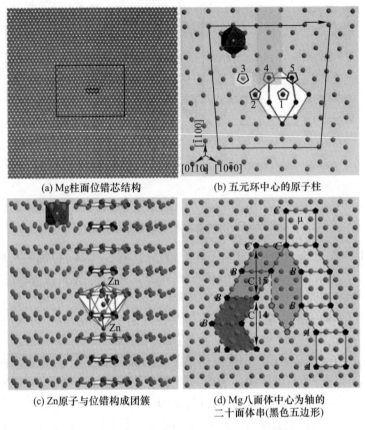

(a) Mg柱面位错芯结构　　(b) 五元环中心的原子柱

(c) Zn原子与位错构成团簇　　(d) Mg八面体中心为轴的二十面体串(黑色五边形)

图3-12　Mg-Zn结构的分子动力学模拟示意图[17]

参 考 文 献

[1] 王仁卉,胡承正,桂嘉年. 准晶物理学[M]. 北京:科学出版社,2004.

[2] 张志杰. 材料物理化学[M]. 北京:化学工业出版社,2008.

[3] 汪洋. 气体的吸附剂薄膜材料的应用[M]. 北京:国防工业出版社,2016.

[4] 吴奇,孙钰丰,孙岚. Fe、N共掺杂TiO_2纳米管阵列的制备及可见光光催化活性[J]. 物理化学学报, 2012,28(3):635-640.

[5] Tong T Z,Zhang J L,Tian B Z,et al. Preparation of Fe^{3+} – doped TiO_2 catalysts by controlled hydrolysis of titanium alkoxide and study on their photocatalytic activity for methyl orange degradation[J]. J. Hazard. Mater., 2008,155:572-579.

[6] Saha N C,Tompkins H G. Titanium nitride oxidation chemistry:An x – ray photoelectron spectroscopy study [J]. J. Appl. Phys.,1992,72:3072-3079.

[7] Ao Y H, Xu J J, Fu D G, et al. A simple method to prepare N-doped titania hollow spheres with high photocatalytic activity under visible light[J]. J. Hazard. Mater. ,2009,167:413-417.

[8] 陆文璐,施利毅,谢晓峰,等. 可见光敏感型纳米氮氧化钛光催化剂的制备和表征[J]. 上海大学学报(自然科学版),2004,10:289-292.

[9] Yu X B, Wang G H, Luo Y Q, et al. Preparation of TiO$_2$ complex particles doped metal ions and their photocatalytic reativity for the degradation of tetracyline[J]. Journal of Shanghai Teachers University(Natural Science) ,2000,29:75-82.

[10] Tao J J, Zhang Y F, Zhang L F, et al. Multifunctional triphenylamine/oxadiazole hybrid as host and exciton-blocking material:high efficiency green phosphorescent OLEDs using easily available and common materials [J]. Journal of Functional Materials,2010,42:824-827.

[11] Yamamoto A, Ishihara K N. Penrose patterns and related structures. II. Decagonal quasicrystals[J]. Acta Cryst,1988,A44:707-714.

[12] Kleman M. Defects in quasicrystals[J]. Physica and Chemistry of Finite Systems,1992,374:199-210.

[13] 平贺贤二. 准晶的不可思议的结构(日语版)[M]. 东京:アグネ技术中心出版社,2003.

[14] 崔晓微,李联和. 半无限一维六方压电准晶材料中螺旋位错与裂纹的相互作用[J]. 内蒙古师范大学学报:自然科学(汉文版),2018,47(6):465-469.

[15] 赵月,于静,李联和. 一维六方准晶压电双材料中的螺旋位错[J]. 内蒙古师范大学学报:自然科学(汉文版),2019,48(3):200-204.

[16] 张超华,李联和,云国宏. 十次对称二维准晶材料的位错动力学问题[J]. 固体力学学报,2017,38:166-169.

[17] Yang Z Q, Zhang L F, Chisholm M F. Precipitation of binary quasicrystals along dislocations[J]. Nature Communications,2018,9:809(1-7).

第4章 准晶的制备方法

制备准晶的方法有很多,从最早的快速凝固到现今的急冷凝固[1]、深过冷、高压熔淬、铸造制备、机械合金化以及离子注入、离子束混合、气相沉积[2]、熔体旋转、非晶合金退火、多层薄晶体之间固态反应等。用制备非晶态材料的方法都可制备准晶。准晶薄膜的制备方法有物理气相沉积、真空喷涂、激光处理、电子轰击、离子注入等,准晶薄膜具有优异的力学、热学与光学等性能,已经应用于不粘锅涂层、热障涂层和太阳能吸收器等[3]。下面主要介绍急冷凝固、深过冷、高压熔淬、铸造、机械合金化这五种制备准晶的方法。

4.1 急冷凝固

准晶的急冷凝固方法是利用急速冷却制备准晶的方法。急冷是急速冷却(rapid quenching)。急冷形成的亚稳态是在特定相的生成速度与冷却速度的互相作用下形成的。以不同过冷速度形成多种亚稳相,其种类由在过冷速度下各种相与相之间的自由能大小顺序而确定。金属相在冷却过程中还未成核和长大,在动力学上抑制晶体相的生成,使合金由液态直接转变为非晶相或准晶。用急冷凝固方法制备准晶主要通过控制冷却温度的方式,反之则会形成晶体或饱和固溶体。原则上用于制备非晶态材料的急冷凝固法都适用于制备亚稳准晶。急冷凝固法是最初使用的制备准晶的方法,也是目前制备准晶使用最多的方法。急冷凝固过程中受到传热速度的限制,利用急冷凝固方法可以制备粉状、丝状及薄带状亚稳态准晶材料[4],还可以制备稳定态柱状的准晶体。制备准晶的合金材料,一般需要几种金属材料混合,在真空电弧炉下熔炼合金材料,再通过急冷凝固等方法获得准晶材料。准晶在不同的温度下急冷形成不同的结构准晶相。因此可利用急冷方法制备单晶相或多晶相的准晶。

4.1.1 真空电弧炉

电弧是气体的一种弧光放电。气体弧光放电表现为极间电压很低,但通过气体的电流却很大,有耀眼的白光,弧区温度很高(约5000K)。巨大的电流密度来自于阴极的热电子发射,以及电子的自发射,即在阴极附近有正离子层,形成强大的电场,使阴极自动发射电子。大量电子在极间碰撞气态分子使之电离,产生大量的正离子和二次电子,在电场作用下,分别撞击阴极和阳极,获得高温能量。阴极因电子发射失去部分能量,所以阴极的温度低于阳极的。极间也因部分正离子与电子复合放热而产生高温。利用这种弧光放电原理在电弧炉里熔炼金属。真空电弧炉是在真空环境下的电弧炉。真空电弧熔炼采用大电流低电压,属于短弧操作。一般电弧电压为22~65V,对应弧长为20~50mm。为了提高生产率,两台电弧炉共用一套主电源、真空系统和自动控制系统。

在真空状态下对工件(或材料)进行热处理,可提高模具的使用寿命,无氧化、无脱炭、表面光亮、变形小、节省能源无公害,并改变材料的力学性能和冶金性能等。下面具体介绍用急冷凝固方法制备粉末准晶、柱状准晶以及棱柱准晶的过程。

4.1.2 粉末状准晶的制备

将99.99%高纯度的Al、Cu、Fe、Mn金属按$Al_{65}Cu_{20}Fe_7Mn_8$、$Al_{65}Cu_{24}Fe_3Mn_8$、$Al_{65}Cu_{22}Fe_5Mn_8$成分比例分别配制,先确定Fe的质量,并按Fe的成分比例配制其他金属的质量,由于Mn具有高温易挥发特性,将Mn包裹在其他金属内部。将配制好的Al–Cu–Fe–Mn金属材料放到真空电弧炉中,经尖端放电熔融,形成Al–Cu–Fe–Mn固体金属球,Al–Cu–Fe–Mn制备流程如图4–1所示。

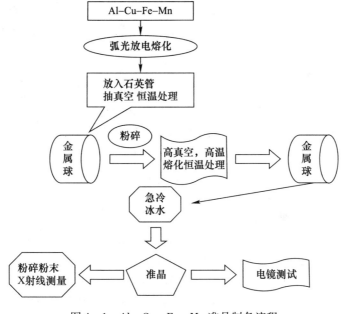

图4–1 Al–Cu–Fe–Mn准晶制备流程

1. 调试仪器

首先打开真空电弧炉水阀门、水压表(注意水压不必过大)、机械泵;其次打开 Ar 气瓶阀门,调节二次阀门内压强到 0.1atm(1atm = 101.3kPa)。再打开导气阀门,使用腔体内压强和外界压强平衡,再关闭导气阀门。旋开腔体周边的固定螺栓,旋转鼓轮,升起腔体。把一定比例的 Al、Cu、Fe、Mn,以及 Ti(吸附氧气使用)金属材料放入电弧炉,确认导气阀、机械泵阀、分子泵阀都处于关闭状态。开启机械泵阀和真空计的开关,用机械泵抽真空到几帕的压强即可关闭机械泵,打开导气阀,使腔体气体压强达 0.5atm,然后关闭导气阀,打开机械泵阀门,对腔体进行三次循环抽气,待真空计显示为 10^{-1}Pa 时,关闭机械阀门。打开分子泵开关,使分子泵转速稳定在 600 转,真空度达到 10^{-3}Pa 以下。打开导气阀门,使阀门内压强至 0.03atm 后,关闭导气阀门。

2. 制备样品

打开高频引弧的开关,旋转提升电极置于装有 Al-Cu-Fe-Mn 的铜碗之上面约 2mm 处。经启动开关将电流调节旋钮顺时针旋转,在 10A 电流作用下,按下引弧按钮,即有电弧出现,使含有 Al-Cu-Fe-Mn 成分的金属材料熔炼成 Al-Cu-Fe-Mn 金属球。

3. 取样

在完成熔炼 Al-Cu-Fe-Mn 以后,待 5min 后,打开导气阀门,使腔体内外压强平衡,提升腔体,取出 Al-Cu-Fe-Mn 金属球。打开机械泵阀门,对腔体抽气,当腔体压强达到 10^{-1}Pa 时,关闭机械泵阀门、分子泵、器械泵、Ar 气主阀门。

4. 煅烧抽真空

将 Al-Cu-Fe-Mn 金属球放入石英管内,再把石英管与真空仪连接,对装有 Al-Cu-Fe-Mn 金属球石英管进行煅烧,在煅烧过程中为防止其石英管受热不均匀,对装有 Al-Cu-Fe-Mn 金属球石英管进行预热处理,然后在其石英管指定位置绕一周进行快速煅烧,避免在石英管上这个指定的位置附近出现小孔,使空气从小孔进入石英管壁内,导致测量误差增大。待装有 Al-Cu-Fe-Mn 金属球石英管冷却后,对其进行抽真空至 10^{-7}Pa,并封管。

5. 均匀化热处理与急冷

把装有 Al-Cu-Fe-Mn 金属球的石英管放入程序化管式炉内,进行 1073K、72h 均匀化热处理。经热处理后,取出装有 Al-Cu-Fe-Mn 金属球石英管快速置入冰水中,获得成分均匀的 Al-Cu-Fe-Mn 金属合金球,最后将金属合金球研碎成粉末,用 X 射线衍射仪对粉末进行衍射强度测试,并利用高能电子显微镜对金属合金球的形貌组织进行测试。

4.1.3 棱柱状准晶的制备

1. Al-Ni-Co 柱状准晶

采用纯度为99.99%的Al,99.99%的Ni,以及99.98%的Co,按Al、Ni、Co成分所占比例分别为72.7%、8.0%以及19.3%,称取总质量为4g的$Al_{72.7}Ni_{8.0}Co_{19.3}$金属混合物,在Ar气体中经弧光放电熔解金属混合物,并在炉内冷却形成$Al_{72.7}Ni_{8.0}Co_{19.3}$固体金属球,将$Al_{72.7}Ni_{8.0}Co_{19.3}$金属球放入石英管内,抽真空至$10^{-7}$Pa,在加热炉进行72h的1073K均匀化热处理,然后把装有$Al_{72.7}Ni_{8.0}Co_{19.3}$金属球的石英管急冷却置入冰水中,获得成分均匀的$Al_{72.7}Ni_{8.0}Co_{19.3}$金属球。将这个金属球研碎成精细的粉末,其中一部分粉末状准晶作为XRD衍射测量,另一部分粉末放入真空石英管内抽真空,加热至1373K将其熔化,经2h后降至1173K,再经72h恒温处理,并以1.7℃/min的冷却速度降至室温,最后制得尺寸为$\phi 0.2mm \times 2mm$的$Al_{72.7}Ni_{8.0}Co_{19.3}$柱状准晶。将柱状准晶经72h的1003K的恒温处理后,用四轴自动X线衍射仪进行柱状准晶测试。

2. Al-Co 棱柱状准晶

采用Al-Co原料在中频感应炉中加热融化,并通过缓慢的炉冷方式获得相应的铸锭(每个铸锭大约600g)。在合金锭的上中部,通常会生长出一些几毫米长的针状单晶体,直径为0.1~0.5mm,高倍放大这些针状单晶体显示出十棱柱状的Al-Co的相。从图4-2针状晶体的Al-Co扫描电镜图[5]中,观察到具有Al-Co棱柱状准晶的结构。

图4-2 Al-Co十棱柱状准晶扫描电镜图[5]

4.2 深 过 冷

过冷却过程是温度逐渐降低的过程。过冷却使相变成核受到抑制。在深过冷条件下材料的凝固是一种极端非平衡凝固。一般深过冷凝固是借助于快速凝固和熔体净化的复合作用而得到的。快速凝固通过改变溶质分凝(溶质捕获),液、固相线温度及熔体扩散速度等使合金达到深过冷状态。熔体净化则通过消除异质核心,使熔体达到过冷状态。从图4-3中反映出合金深过冷与快速凝固、熔体净化的关系,以及通过深过冷凝固可能获得的组织结构[6]。为了获得大块非晶及准晶材料还必须借助于合金系的选择和成分比例,使合金材料具有较高的玻璃化转变温度和强的非晶形成能力,从合金系的相图中获得准晶相的区域,在这个准晶相区域中按照合金成分比例制备准晶材料。

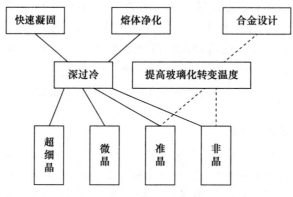

图4-3 合金深过冷与亚稳组织[6]

深过冷技术是利用各种高效的净化方法,极大限度地避免熔体壁和熔体中异质形核作用,即从热力学方面抑制晶体相的形成,使合金能够在常规凝固条件下难以达到过冷度而实现快速凝固的技术。用深过冷技术制备 Al - Ni - Co 十次准晶[7-9]。此外用深过冷技术还可以制备大块准晶,如直径为 ϕ6mm 的高纯度 Al - Cu - Fe 二十面体准晶球[10]及 ϕ15mm,长为70mm 的 Al - Mn - (Si,B)准晶圆柱合金棒[11]等。深过冷技术不受外界散热条件的限制,在较慢冷却速度条件下获得急冷过程中产生的相结构,制备三维大体积快凝材料(如非晶材料、准晶材料)。深过冷技术为准晶材料的实际应用提供大块准晶制备技术。图4-4是 $Al_{75}Cu_{15}V_{10}$ 合金凝固过程的时间-温度-转化率曲线(TTT曲线)图。在较小冷却速度 ε_1 下合金的凝固组织为 $Al_2Cu + Al_3V$。在冷却速度加大到 ε_2,凝固组织为 Al_2Cu 和准晶的混合物,当冷却速度超过 ε_0 时则得到完全的非晶合金[6]。因此利用深过冷方法在一定冷却速率下形成准晶,大于这个冷却速率形成非晶,而小于这个速率则形成晶体。

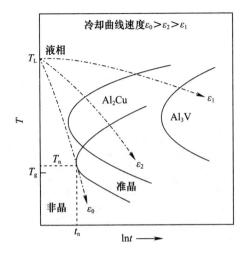

图 4-4 $Al_{75}Cu_{15}V_{10}$ 合金凝固过程的 TTT 曲线[6]

4.3 高压熔淬

高压熔淬技术主要是通过高压促进物质冷凝,使合金在高压下以较低的冷却速率获得(常压下需要高冷却速率)一些亚稳相和中间相的一种技术,如用高压熔淬技术制备非晶和准晶[3]。与前面介绍的急冷方法中需要有较大的冷却速度相比,高压熔淬方法是以较低的冷却速度得到快速凝固的效果,并且所加压力是可控制的。利用这种高压熔淬方法有助于研究准晶形成的动力学过程。此外,利用熔体快淬方法可以观察到形貌组织。例如在井式电阻炉中熔配成分为 $Al_{15}Mg_{50}Zn_{35}$(原子质量%)合金,其中 Al、Mg、Zn 三种元素的纯度均为 99.9%。由于 Mg 是较活泼元素,在高温时易发生氧化和燃烧,故在熔炼过程中采用 $CO_2/0.6\%$ SF_6(体积分数)混合气体进行保护。待 $Al_{15}Mg_{50}Zn_{35}$ 合金熔炼完成后,将熔体浇铸于激冷铜模中进行熔体快淬,以获得厚度为 1mm 的 $Al_{15}Mg_{50}Zn_{35}$ 二十面体的薄片。$Al_{15}Mg_{50}Zn_{35}$ 二十面体准晶相呈现出典型的枝晶,枝晶具有发达的枝晶主干和一次轴分支,且一次轴分支间的间距相等,它沿着中心形核点向三维空间呈辐射状生长。在 $Al_{15}Mg_{50}Zn_{35}$ 液态金属结构中存在着大量的二十面体原子团簇,当冷却速度足够大时,它们能够沿三次轴方向堆积而形成准晶结构,以使其系统自由能最低。在 $Al_{15}Mg_{50}Zn_{35}$ 成分的合金中,其原子团簇为具有二十面体对称性的正多边形,在熔体快淬的瞬间,这些具有二十面体对称性的晶粒迅速形核并长大,其生长形态亦遵从晶体对称性。当凝固界面前沿固/液界面平整性遭到破坏时,界面上因干扰而产生的凸缘,快速地向熔体中生长,从而形成枝晶形貌。在枝晶生长过程中,枝晶尖端因相互碰撞而使晶粒脱落到熔体中。之后随着熔体温度的降低,在晶界处析出共晶组织。从图 4-5 中观察到 $Al_{15}Mg_{50}Zn_{35}$ 枝晶状组织及六边形状组织沿三次轴、五次轴、二次轴和伪二次轴方向的区域电子衍射图案[12]。

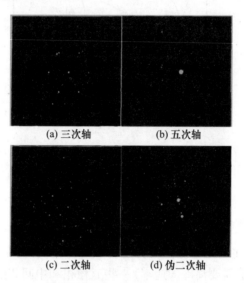

(a) 三次轴　　(b) 五次轴

(c) 二次轴　　(d) 伪二次轴

图 4-5　二十面体准晶相轴方向区域电子衍射图案[12]

4.4　铸　　造

铸造制备方法属于一种常规合金制备方法,在理论上制备稳定准晶可以采用任何一种常规合金制备方法,只要熔化一定成分的合金材料,常规浇铸即可。然而,准晶的实际凝固过程是十分复杂的,其成分随温度变化,生成反应是偏晶反应或包晶反应,且准晶相只在一定温度区间存在,若获得准晶,仍然需要控制冷却速度,还需要热处理[13]。当然现在的准晶合金系有成千上百种,稳定准晶也有很多,通过常规的凝固方式,就能够制备大量的准晶。例如用铸造方法制备具有五重轴对称结构的二十面体准晶相的 $Mg_{40}Zn_{55}Nd_5$ 球形准晶,其宏观形态异于其他准晶体,呈现出较高的圆整度的球形状,具有准晶相的准晶粒子尺寸在 $15\mu m$ 以下。经 TEM 及 X 射线衍射分析结果表明,这种球形准晶相是一种典型的 Frank – Kasper 型简单二十面体准晶相,准晶晶格参数 $a=0.525nm$,二十面体准晶的价电子浓度比 $e/a=2.05$,由 Hume – Rothery 规则确定的 Frank – Kasper

型准晶的价电子浓度比值在 2.00～2.15 之内。$Mg_{40}Zn_{55}Nd_5$ 球形准晶相能够在 327℃的退火温度下长期稳定存在[14]。为了获取一定形貌的准晶,如准晶薄膜、单晶相的准晶等,可以利用离子注入、定向凝固法等制备方法制备准晶材料。

4.5 机械合金化

机械合金化(Mechanical Alloying,MA)技术作为一种材料固态非平衡加工技术,可用于制备亚稳非晶体、准晶体、晶体等。机械合金化是通过钢球的撞击使合金粉末间进行反复的冷焊和断裂,形成层状微结构,继而形成超细复合结构,通过固态扩散反应形成均匀的准晶合金。Eckert 等[15]采用机械合金化技术在 Al-Cu-(V、Cr、Mn)合金系中直接制备准晶。例如用机械合金化技术制备的 Al-Cu-Fe 系合金晶相,在一定的温度下等温退火可形成准晶。Ti-Ni-Fe-Si 及 Al-Cr-Si 系合金在机械合金化处理时首先形成非晶相,这种非晶相在适当的温度退火也可获得准晶相。再如采用机械合金化技术制备 $Ti_{42.5}Zr_{42.5}Ni_{15.0}$ 非晶,将这非晶合金经530℃处理 2h 后,在 $Ti_{42.5}Zr_{42.5}Ni_{15.0}$ 基体中出现准晶相,此时基体为准晶和晶态混合物,准晶占大部分,再经750℃处理 2h 后,$Ti_{42.5}Zr_{42.5}Ni_{15.0}$ 合金基体中只有晶态存在[16]。

参 考 文 献

[1] Shechtman D,Blech I. The microstructure of rapidly solidified Al6Mn[J]. Metallurgical and Materals Transactions A. ,1985,16A:1005-1012.
[2] 程天一,章守华. 快速凝固技术与新型合金[M]. 北京:宇航出版社,1990.
[3] 邓辉球,赵立华,黄维清,等. 准晶薄膜与涂层的制备、性能和应用[J]. 功能材料,2001,32(2):115-117.
[4] 肖华星. 引人注目的新材料——准晶材料Ⅲ:准晶的形成[J]. 常州工学院学报,2004,17(2):1-6.
[5] Ma X L,Kuo K H. Decagonal quasicrystal and related crystal line phases in slowly solidified Al-Co alloys[J]. Metallurgical and Materals Transactions A. ,1992,23:1121-1128.
[6] 陈光,傅恒志,等. 非平衡凝固新型金属材料[M]. 北京:科学出版社,2004.
[7] Liu Y C,Yang J H,Guo X F,et al. Roughening transition of decagonal quasicrystal in undercooled $Al_{72}Ni_{12}Co_{16}$ alloy[J]. Materials Letters,2000,43:320-323.
[8] Liu Y C,Guo X F,Yang J H,et al. Decagonal quasicrystal growthin the undercooled $Al_{72}Ni_{12}Co_{16}$ alloy[J]. Journal of Crystal Growth,2000,209:963-969.
[9] Liu Y C,Yang G C,Zhou Y H. Decagonal quasicrystal growth in chill cast $Al_{72}Ni_{12}Co_{16}$ alloy[J]. Materials Research Bulletin,2000,35:857-863.
[10] 陈立凡,陈熙琛. Al-Cu-Fe 二十面体准晶的深过冷研究[J]. 物理学报,1996,45(1):169-176.
[11] 宋广生,李明军,周尧和,等. 大块深过冷 Al-Mn-(Si,B)合金准晶相的初生凝固[J]. 材料研究学

报,1999,3:261-266.

[12] 朱满,杨根仓,刘峰,等. 快淬 $Al_{15}Mg_{50}Zn_{35}$ 三元合金中的二十面体准晶相[J]. 2008,37:179-1182.

[13] 董创. 准晶材料[M]. 北京:国防工业出版社,1998.

[14] 严杰. 含二十面体准晶相的 Mg – Zn – Nd 系中间合金的研究[D]. 山西:太原理工大学,2009.

[15] Eckert J,Schultz L,Urban K. Formation of quasicrystalline and amorphous phases in mechanically alloyed Al – based and Ti – Ni – based alloys[J]. Acta Metallurgicaet Materialia,1991,39:1497-1506.

[16] 姜训勇,张磊,张瑞,等. TiZrNi 准晶电化学储氢性能研究[J]. 稀有金属,2012,36(2):248-253.

第5章 准晶结构的测试方法

5.1 X射线衍射仪的工作原理

X射线衍射仪(X-ray diffraction,XRD)的工作原理:X射线的波长和晶体内部原子之间的间距接近,晶体可以作为X射线的空间衍射光栅,即当一束X射线照射到晶体上时,受到晶体中原子的散射,每个原子都可以产生散射波,这些波互相干涉,产生衍射。衍射波叠加使衍射强度在某些方向上加强,在其他方向上减弱。通过分析晶体的衍射强度,便可反映出晶体结构。当待测晶体与入射X射线呈不同角度时,满足布拉格衍射的晶面就会被检测出衍射强度,在XRD图谱上呈现出不同的衍射强度的衍射峰。X射线衍射仪就是利用衍射原理,精确地测定晶体结构,对物相定性及定量分析的仪器。

物相分析法是在X射线衍射中分析金属结构的常用方法,其分为定性分析和定量分析法。前者是对材料测得的点阵平面间距及衍射强度与标准物相的衍射数据相比较,确定材料中存在的物相;后者则是根据衍射峰的强度,确定材料中各相的含量。利用物相分析方法对合金的成分和结构进行分析,确定合金相、点阵类型、点阵参数、对称性、原子位置等晶体学数据。

利用X射线衍射仪测试准晶格子的衍射峰强度,采用倒易空间确定格子的位置,计算准晶衍射峰的半高宽以及准晶的准周期,分析准晶内部结构,从而获得准晶相存在范围及准晶相变规律。

5.1.1 柱状准晶的XRD

采用四轴自动X线衍射仪(Rigaku AFC5),以 Moka 为入射线,在电压40kV,电流20mA 的条件下,测量 $Al_{72.7}Ni_{8.0}Co_{19.3}$ 柱状准晶衍射强度。$Al_{72.7}Ni_{8.0}Co_{19.3}$ 准晶在横截面显示准周期性,而在其法线方向显示周期性。用黏合剂将柱状准晶竖直黏合到玻璃棒上顶端。为了精确测定准晶准周期面衍射峰的位置及其强度,需要增加横、竖光栅 $0.067° \times 0.5°$,其分辨能为 3.3×10^{-4} nm^{-1}。在 $Al_{72.7}Ni_{8.0}Co_{19.3}$ 柱状准晶的准周期平面内取 H 方向和 K 方向($H \perp K$)作为测量方向,测定范围 $H: 5 \times 10^{-3} \sim 1.63 \times 10^{-1} nm^{-1}$; $K: 6 \times 10^{-3} \sim 1.91 \times 10^{-1} nm^{-1}$,间隔距离 $H: 5.8 \times 10^{-5} nm^{-1}$;间隔距离 $K: 6.8 \times 10^{-5} nm^{-1}$,间隔时间:20s。如图5-1

所示，图5-1(a)为四轴自动X射线衍射仪图，图5-1(b)为晶体衍射示意图。图5-2是经温度1173K热处理后的$Al_{70.1}Ni_{24.0}Co_{5.9}$柱状准晶的X射线衍射强度图谱，图5-2(a)(b)分别为$Al_{70.1}Ni_{24.0}Co_{5.9}$准晶在准晶面上$H$、$K$方向的衍射图谱，根据3.2.2节D相准晶的倒格子表达式(3-5)，将$Al_{70.1}Ni_{24.0}Co_{5.9}$准晶面上$H$、$K$方向的衍射峰标出相对应的衍射峰的指数，这$Al_{70.1}Ni_{24.0}Co_{5.9}$准晶衍射峰的指数与文献[1-3]中Al-Ni-Co标出的衍射峰指数相一致。在$Al_{72.7}Ni_{8.0}Co_{19.3}$准周期面上的$H$、$K$方向出现强、弱衍射波峰。

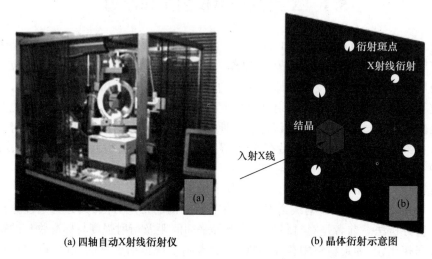

(a) 四轴自动X射线衍射仪　　(b) 晶体衍射示意图

图5-1　四轴自动X线衍射仪及晶体衍射示意图

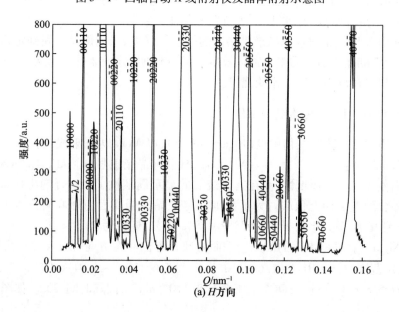

(a) H方向

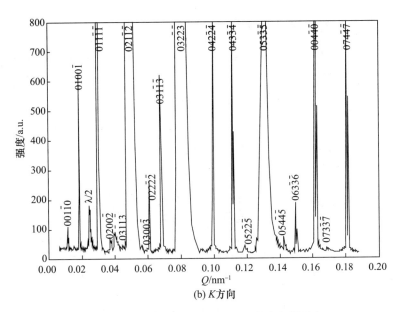

图 5-2 Al$_{72.7}$Ni$_{8.0}$Co$_{19.3}$ 准晶的 X 射线衍射强度

经过不同温度处理的 Al$_{73.0}$Ni$_{6.5}$Co$_{20.5}$ 准晶的衍射峰强度发生变化。采用 X 线衍射仪测定 Al$_{73.0}$Ni$_{6.5}$Co$_{20.5}$ 准晶的衍射强度,从图 5-3 观察到 Al$_{73.0}$Ni$_{6.5}$Co$_{20.5}$ 准晶分别在 773K、973K、1173K 处理后,随温度升高其在 $2\theta = 23.4°$、$2\theta = 26.1°$ 处衍射峰的强度逐渐减弱。当处理温度为 1173K 时,在 $2\theta = 23.4°$,$2\theta = 26.1°$ 处的衍射峰消失,而在 $2\theta = 29.3°$ 出现新的衍射峰。这说明不同温度处理后的 Al$_{73.0}$Ni$_{6.5}$Co$_{20.5}$ 准晶结构发生变化,这符合 Ritch 相图中的从低温 5f 相向高温 5f$_{HT}$ 相转变,由此可见 Al$_{73.0}$Ni$_{6.5}$Co$_{20.5}$ 准晶衍射峰的强度发生变化,其准晶相及结构都发生变化。

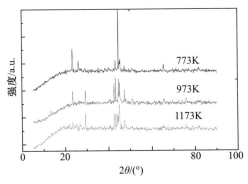

图 5-3 不同温度处理的 Al$_{73.0}$Ni$_{6.5}$Co$_{20.5}$ 准晶的 X 射线衍射强度

5.1.2 粉末状准晶的 XRD

图 5-4 为经 800°热处理的 $Al_{65}Cu_{18}Fe_7Mn_{10}$ 粉末状准晶的 XRD 衍射图谱，从图中可以观察到 $Al_{65}Cu_{18}Fe_7Mn_{10}$ 最强的 $10\overline{2}203$ 衍射峰为周期方向的衍射峰，$10\overline{1}100$ 等其他衍射峰为准周期平面的衍射峰。

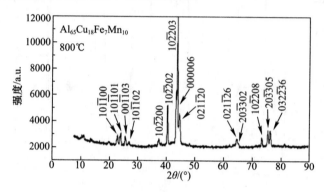

图 5-4 Al-Cu-Fe-Mn 粉末状准晶的 XRD

5.2 电子显微镜的构成及原理

5.2.1 准晶的 TEM

透射电子显微镜 TEM(transmission electron microscope,TEM)是以波长极短的电子束作为照明源,用电磁透镜聚焦成像的一种高分辨率、高放大倍数的电子光学仪器。它主要是由电子光学系统、电源与控制系统以及真空系统三部分构成。与 XRD 类似,利用波长极短的电子束,照射样品发生衍射,同样衍射条件也满足布拉格方程。在成像系统中,可以观察到投影镜下的电子衍射图案。衍射图案就是倒易点阵,点阵中每一个点代表的是正点阵中的一组晶面,如图 5-5 所示,倒易矢量的长度等于正点阵中相应晶面间距的倒数。衍射波相干涉条件: 发射波矢 K_1 与入射波矢 K_0 之差等于晶体倒易矢量 K_{hkl} 的整数倍。

$$K_1 + K_0 = nK_{hkl} \tag{5-1}$$

设倒易空间的基本矢量为 a、b、c,则倒易矢量为

$$K_{hkl} = ha + kb + lc \tag{5-2}$$

晶格倒易矢量的方向为晶面的法线方向,其大小为晶面间距 d_{hkl} 的倒数的 $2p$ 倍,即

$$K_{hkl} = 2p/d_{hkl} \tag{5-3}$$

式中: h、k、l 为晶面指数; K_{hkl} 反映出晶面的方向与该组晶面的疏密程度。

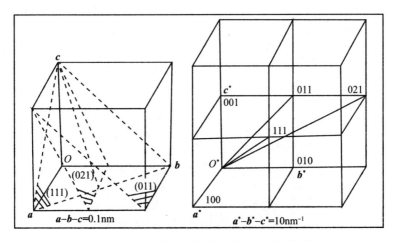

图5-5 正点阵和倒易点阵的几何对应关系

利用透射电子显微镜可以观察到晶体的二重轴、四重轴、六重轴对称性的衍射图案[4]。如图5-6所示,晶体轴对称性的衍射图案呈现二重轴、四重轴和六重轴对称。

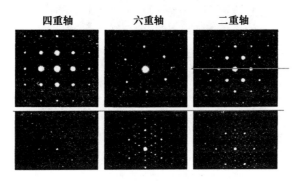

图5-6 晶体轴对称性的衍射图案

用透射电子显微镜观察 Al_3Mn 近似晶体和 Al-Pd-Mn D 相准晶的衍射图案。从图5-7(a)(b)(c) Al_3Mn 近似晶体的衍射点分布(图中箭头)和图5-7(d)(e)(f) Al-Pd-Mn D 相准晶的衍射点分布(图中箭头)对比中有相似的强衍射点分布。如图5-7(a)从 b 轴入射 Al_3Mn 近似晶体的衍射点分布与图5-7(d) Al-Pd-Mn D 相准晶十次对称轴的衍射点分布相似,在图5-7(b)中从 c-轴入射 Al_3Mn 近似晶体的衍射点分布与图5-7(e) Al-Pd-Mn D 相准晶十次对称轴的垂直方向的衍射点分布相似,在图5-7(c)中从 a 轴入射 Al_3Mn 近似晶体的衍射点分布与图5-7(f) Al-Pd-Mn D 相准晶十次对称轴垂直方向的衍射点分布相似,强衍射点接近原子的位置,这说明 Al_3Mn 近似晶体与 Al – Pd – Mn 的 D 相准晶具有局部相似的结构。用透射电子显微镜还可以观测不同晶面取向的衍射点分布及其晶格间距,图 5 – 8(a)(b)(c) 为 $Al_{65}Cu_{20}Fe_4Mn_{11}$ 准晶不同晶面取向的衍射点分布,分别与表 5 – 1、表 5 – 2、表 5 – 3 $Al_{65}Cu_{20}Fe_4Mn_{11}$ 准晶不同晶面取向的晶格间距相对应,准晶的晶面取向不同其晶格间距不同。

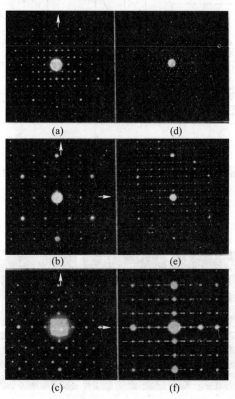

图 5 – 7 Al_3Mn 近似晶体和 Al – Pd – Mn D 相准晶的衍射图案
Al_3Mn 近似晶体 b 轴(a)、c – 轴(b)、a 轴(c)的入射方向
Al – Pd – Mn D 相准晶十次对称轴(d)和垂直十次对称轴(e)(f)的入射方向

图 5 – 8 $Al_{65}Cu_{20}Fe_4Mn_{11}$ 准晶的透射电镜图案

表 5-1 $Al_{65}Cu_{20}Fe_4Mn_{11}$ 准晶的晶格间距

位置点#	d-间距/nm	Rec. Pos/(1/nm)	与位置点 1/(°)	与 x 轴/(°)	振幅
1	0.7180	1.393	0.00	-15.41	13231.69
2	0.4768	2.097	0.76	-16.17	986.12
3	0.3601	2.777	0.40	-15.81	8204.37
4	0.2407	4.155	0.30	-15.71	6370.18
5	0.1802	5.550	0.25	-15.66	921.23
6	0.5196	1.925	68.29	52.88	5370.96
7	0.4405	2.270	51.89	36.48	5419.08
8	0.3646	2.742	40.26	24.85	14893.88
9	0.3035	3.295	32.24	16.83	693.24
10	0.2555	3.914	26.82	11.41	839.28
11	0.2792	3.581	89.57	74.16	2552.24
12	0.2739	3.652	78.65	63.24	4451.94
13	0.2603	3.842	68.48	53.07	1544.43
14	0.2205	4.535	51.67	36.26	608.92

表 5-2 $Al_{65}Cu_{20}Fe_4Mn_{11}$ 准晶的晶格间距

位置点#	d-间距/nm	Rec. Pos/(1/nm)	与位置点 1/(°)	与 x 轴/(°)	振幅
1	0.9567	1.045	0.00	120.06	1354.80
2	0.4804	2.081	0.17	119.89	2590.35
3	0.3226	3.100	0.46	119.61	199.98
4	0.2412	4.146	0.33	119.73	217.87
5	0.5645	1.772	99.91	20.15	688.76
6	0.5290	1.891	67.04	53.03	1282.86
7	0.4012	2.493	44.51	75.56	592.49
8	0.3028	3.303	32.20	87.86	77.19
9	0.2824	3.542	100.00	20.06	87.33
10	0.2855	3.503	83.06	37.01	106.71
11	0.2641	3.787	67.01	53.05	95.58
12	0.2277	4.393	127.74	-7.68	768.14

表 5-3 $Al_{65}Cu_{20}Fe_4Mn_{11}$ 准晶的晶格间距

位置点#	d-间距/nm	Rec. Pos/(1/nm)	与位置点1/(°)	与x轴/(°)	振幅
1	0.5827	1.716	0.00	101.96	154.54
2	0.4109	2.434	6.93	95.04	284.00
3	0.2417	4.137	4.16	97.80	167.78
4	0.2050	4.878	7.35	94.62	564.90
5	0.3852	2.596	27.53	129.50	366.56
6	0.3549	2.818	68.02	169.98	446.46
7	0.3726	2.684	103.55	-154.49	1477.11
8	0.2366	4.226	135.84	-122.20	153.76
9	0.2015	4.964	96.05	-161.98	147.85
10	0.1913	5.229	85.21	-172.83	150.20
11	0.1973	5.067	76.56	178.52	504.75
12	0.2373	4.214	33.54	135.50	795.61
13	0.1521	6.575	175.08	-82.95	1147.05
14	0.1110	9.012	174.62	-83.41	966.16
15	0.1070	9.343	137.12	-35.16	326.25
16	0.1251	7.994	123.61	-21.64	129.22
17	0.1385	7.221	106.03	-4.07	151.58
18	0.1490	6.712	99.05	2.91	145.19
19	0.1434	6.972	92.26	9.70	641.97
20	0.1325	7.545	73.57	28.40	403.89
21	0.1096	9.126	52.78	49.18	395.15
22	0.09138	10.94	43.41	58.56	514.96

5.2.2 准晶的 SEM

扫描电子显微镜(Scanning Electronic Microscopy, SEM)的工作原理是电子与物质的相互作用获取被测物质本身的物理、化学性质的信息,如形貌、组成、晶体结构、电子结构和内部电场或磁场等。当一束高能的入射电子轰击物质表面时,被激发的区域将产生二次电子、俄歇电子、特征X射线和连续谱X射线、背散射电子、透射电子,以及在可见光、紫外线、红外线区域产生的电磁辐射。同时,也可产生电子-空穴对、晶格振动(声子)、电子振荡(等离子体)。扫描电子显微镜配有不同的信息检测器,有选择地检测物质表面特性。采集二次电子、背散射电子的信息,可得到有关物质微观形貌的信息。从图5-9的不同成分含量Al-Cu-Fe-Mn准晶的SEM图可观察到Al-Cu-Fe-Mn准晶没有规则的形貌,晶粒尺寸大小不均一,晶粒大的可以达到几百微米,小的只有几微米,其形貌组织是由多个块状或块状叠加。不同成分含量Al-Cu-Fe-Mn准晶分布密集程度不同,从图5-9(a)中可以看出$Al_{65}Cu_{20}Fe_7Mn_8$较密集,而图5-9(b)$Al_{65}Cu_{24}Fe_3Mn_8$较疏散。在一定条件下Al、Mn成分含量不变的情况下,Cu的成分含量减小(或Fe的成分含量增加)使Al-Cu-Fe-Mn准晶分布更为密集。

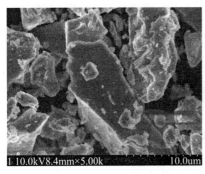

(a) $Al_{65}Cu_{20}Fe_7Mn_8$

(b) $Al_{65}Cu_{24}Fe_3Mn_8$

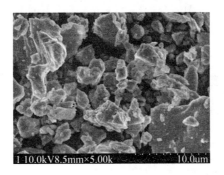

(c) $Al_{65}Cu_{22}Fe_5Mn_8$

图5-9 Al-Cu-Fe-Mn准晶的SEM

5.3 EDS能谱

用能谱仪(Energy Dispersive Spectrometer,EDS)测试材料的能谱,分析材料

成分元素种类与含量,并与扫描电子显微镜与透射电子显微镜一起使用。各种元素具有特征 X 射线波长,特征波长的大小则取决于电子能级跃迁过程中释放出的特征能量 ΔE,能谱仪就是利用不同元素 X 射线光子特征能量不同而进行测试成分的分析仪器。当 X 射线光子进入检测器后,在 Si(Li) 晶体内激发出一定数目的电子 – 空穴对,产生一个电子 – 空穴对的平均能量 ε,ε 在低温下平均值为 3.8eV,由一个 X 射线光子激发的电子 – 空穴对的数目为 $N = \Delta E/\varepsilon$,因此,入射 X 射线光子的能量越高,N 就越大。利用加在晶体两端的偏压收集电子 – 空穴对,经过前置放大器转换成电流脉冲,电流脉冲的高度取决于 N 的大小。电流脉冲经过主放大器转换成电压脉冲,再进入多道脉冲高度分析器,脉冲高度分析器按脉冲高度分类进行计数,这样就可以测出 X 射线按能量大小分布的图谱。能谱仪 EDS 的探头一般为硅(Si)、锂(Li)半导体探头,探测面积为几平方毫米,分辨率电压约为 133eV,探测元素范围为 Be4 ~ U92。

通过能谱仪测试 Al – Cu – Fe – Mn 准晶的 EDS 能谱分析 Al – Cu – Fe – Mn 准晶的成分含量。图 5 – 10、图 5 – 11、图 5 – 12 分别为 $Al_{65}Cu_{20}Fe_7Mn_8$、$Al_{65}Cu_{24}Fe_3Mn_8$、$Al_{65}Cu_{22}Fe_5Mn_8$ 的 EDS 图谱,与其对应的成分含量如表 5 – 4、表 5 – 5、表 5 – 6 所列。从 Al – Cu – Fe – Mn 准晶的 EDS 检测结果中,除了发现 Al – Cu – Fe – Mn 准晶本身的 Al、Cu、Fe、Mn 成分外,还存在 C、O 成分。其原因可能有以下两点:①Fe 金属中含有 C 元素;②煅烧或急冷时 Al、Cu、Fe、Mn 存在着微量氧等杂质,可以忽略不计。Al – Cu – Fe – Mn 准晶成分中 Al、Cu、Fe、Mn 各成分比分别符合 $Al_{65}Cu_{20}Fe_7Mn_8$、$Al_{65}Cu_{24}Fe_3Mn_8$、$Al_{65}Cu_{22}Fe_5Mn_8$ 分子式的 Al、Cu、Fe、Mn 含量比。

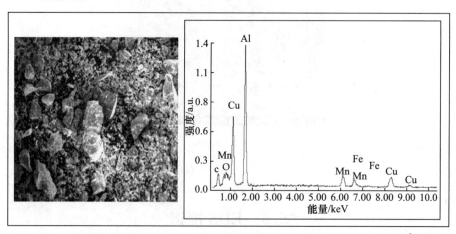

图 5 – 10　$Al_{65}Cu_{20}Fe_7Mn_8$ 的 EDS 能谱

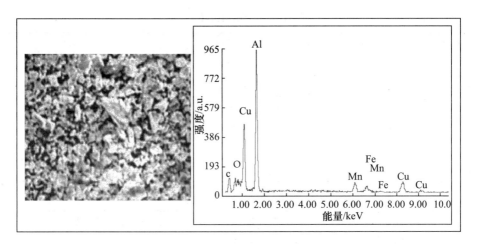

图 5-11　$Al_{65}Cu_{24}Fe_3Mn_8$ 的 EDS 能谱

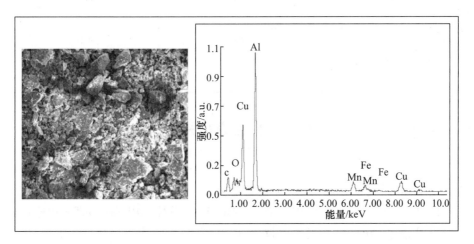

图 5-12　$Al_{65}Cu_{22}Fe_5Mn_8$ 的 EDS 能谱

表 5-4　$Al_{65}Cu_{20}Fe_7Mn_8$ 的质量百分比

元素	质量分数/%	原子分数/%
C	21.38	45.50
O	4.80	7.67
Al	29.66	28.10
Mn	8.91	4.14
Fe	7.26	3.33
Cu	28.00	11.26

表 5-5 $Al_{65}Cu_{24}Fe_3Mn_8$ 的质量百分比

元素	质量分数/%	原子分数/%
C	23.06	47.68
O	4.75	7.38
Al	30.02	27.64
Mn	7.79	3.52
Fe	6.43	2.86
Cu	27.94	10.92

表 5-6 $Al_{65}Cu_{22}Fe_5Mn_8$ 的质量百分比

元素	质量分数/%	原子分数/%
C	21.62	46.38
O	3.33	5.36
Al	30.60	29.22
Mn	9.62	4.51
Fe	7.27	3.35
Cu	27.56	11.17

5.4 磁性测量系统

磁性测量系统基于超导量子干涉仪(SQUID)探测技术,为材料的磁性测量提供高磁场、低温度的测量环境和超高精度的测量信号。如果选择传输测量杆,也可以进行简单的电输运性质测量。MPMS VSM 系统采用 FastLabTM 快速数据采集技术、RapidTemTM 快速控温技术以及 QuikSwitchTM 超导开关技术等,从而使其在具有高敏度的同时又提高测量速度。MPMS VSM 系统配有 Evercool 选件、OVEM 选件、交流磁化率测量选件和 ULF 选件。其中 Evercool 选件使系统在所有的操作过程中都不需要传输液氦,完全消除对液氦的依赖,同时脉管制冷的液氦自循环技术,使其消除制冷机振动对磁测量度的影响;OVEN 选件的测量温区拓展至 1000K;用交流磁化率测量选件可以进行交流磁化率的测量;利用 ULF 选件可有效消除超导磁体的剩磁。MPMS VSM 系统的测量主要参数如下:

(1) 温度范围 1.8~1000K。
(2) 磁场范围 0~7T。
(3) 测量精度小于 10^{-8}emu($H=0T$),小于 5×10^{-8}emu($H=7T$)。

(4) 降温速度 30K/min($T = 10 \sim 300K$),10K/min($T = 1.8 \sim 10K$)。

(5) 最大励磁速度 700oe/s。

利用 MPMS 测量系统检测 Al - Cu - Fe - Mn 准晶的 $M - H$ 与 $M - T$ 磁场量的变化。图 5 - 13 为 Al - Cu - Fe - Mn 准晶在 $T = 10K$ 的 $M - H$ 曲线,随着外加磁场 H 从 -5000oe 加至 5000oe,在图 5 - 13(a) 的 $Al_{65}Cu_{20}Fe_7Mn_8$、图 5 - 13(b) 的 $Al_{65}Cu_{24}Fe_3Mn_8$ 和图 5 - 13(c) 的 $Al_{65}Cu_{22}Fe_5Mn_8$ 的磁化强度 M 都近似线性增加。在 $Al_{65}Cu_{20}Fe_7Mn_8$ 准晶中只存在 D 相和周期相,其磁化强度近似符合公式 $M = \chi H$(χ 为磁化率)。图 5 - 13(b) $Al_{65}Cu_{24}Fe_3Mn_8$ 的磁化强度在 $H = 0$ 两侧出现扭曲的现象,这是由于在 $Al_{65}Cu_{24}Fe_3Mn_8$ 准晶的准周期面内存在 D 相和其他几种混合相的原因,造成正负磁场强度变化率不同。

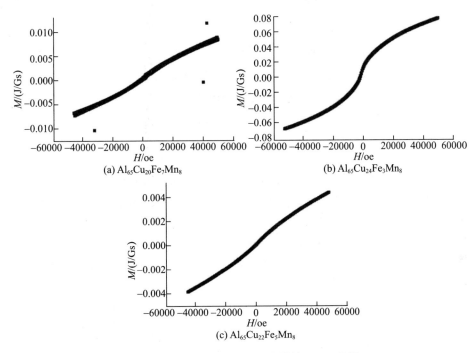

图 5 - 13　Al - Cu - Fe - Mn 准晶的 $M - H$ 曲线

图 5 - 14 为不同温度处理的 Al - Cu - Fe - Mn 准晶的 $M - T$ 曲线图,从图 5 - 14(a)(b)(c) 准晶的 $M - T$ 曲线的切线可以看出温度 T 从 10K 至 50K,其磁化强度 M 衰减较快,M 与 T 成反比例函数关系。在大于 50K 时,Al - Cu - Fe - Mn 准晶的磁化强度缓慢降低,最终趋近于 0,没有磁化效应。在 $T = 50K$ 时存在 Al - Cu - Fe - Mn 准晶的磁化强度衰减的临界点。根据居里 - 外斯定律:$\chi = C/(T - T_c)$,以及 $M = \chi H$,可以判定 Al - Cu - Fe - Mn 准晶为顺磁体。

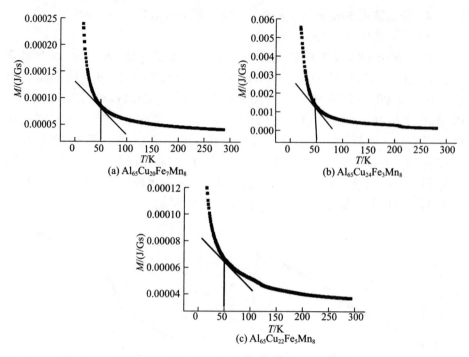

图 5-14 Al-Cu-Fe-Mn 准晶的 $M-T$ 曲线

从图 5-15 的 Al-Cu-Fe-Mn 准晶的磁化强度与温度的 $M-T$ 曲线比较中可以观察到 $Al_{65}Cu_{24}Fe_3Mn_8$ 准晶在初始温度时有较大的磁化强度，其磁化强度分别比 $Al_{65}Cu_{20}Fe_7Mn_8$ 和 $Al_{65}Cu_{22}Fe_5Mn_8$ 高出 10 倍左右。由此可见，随着温度升高对准周期面内存在 D 相和其他相混合相的 $Al_{65}Cu_{24}Fe_3Mn_8$ 准晶的磁化强度衰减较快，而对准周期面只含 D 相的 $Al_{65}Cu_{20}Fe_7Mn_8$ 准晶的磁化强度衰减较小。

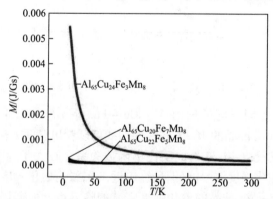

图 5-15 不同成分含量的 Al-Cu-Fe-Mn 准晶的磁化强度

参 考 文 献

[1] Yamamoto K,Wang Y,Nishimura Y,et al. The successive phase transformation in a Co – rich Al – Ni – Co decagonal phase[J]. J. Alloys and Comp. ,2002,342:237 – 240.
[2] 汪洋,山本一树. 热处理对 Al – Ni – Co 单准晶相的影响[J]. 材料热处理学报,2011,32:13 – 16.
[3] Yamamoto K,Wang Y,Nishimura Y,et al. Synchrotron X – ray study of phason and phonon strains in a Co – rich Al – Ni – Co decagonal phase[J]. Mater. Trans. ,2004,45:1255 – 1260.
[4] 黄昆,韩汝琦. 固体物理学[M]. 北京:高等教育出版社,1998.

第6章 准晶结构的解析

6.1 准晶的相子应变计算方法

设定 D 相准晶在准周期内两个正交的对称轴上的 XRD 衍射峰指数为 ($m0\bar{n}\,\bar{n}0$) 和 ($0mn\bar{n}\bar{m}$),准晶格子在平行子空间 $Q_\parallel$ 及垂直子空间 $Q_\perp$ 存在位置变量 $\Delta Q_\parallel$ 和 $\Delta Q_\perp$,其中平行子空间 $Q_\parallel$ 及垂直子空间 $Q_\perp$ 的依存关系为 $Q_\parallel \perp Q_\perp$。布拉格反射峰位置变量 $\Delta Q_\parallel$ 为

$$\Delta \boldsymbol{Q}_\parallel = \boldsymbol{M} \cdot \boldsymbol{Q}_\perp \tag{6-1}$$

式中,

$$\boldsymbol{M} = \begin{pmatrix} \theta_1 & 0 \\ \theta_2 & 0 \end{pmatrix} \tag{6-2}$$

式中:θ_1、θ_2 分别为准周期面 H、K 方向的相子应变(phason strain)量,用准周期的黄金比 τ ($\tau = 1.618$) 表示。准晶的线性相子应变,可以使准周期的排列向周期性的排列转变,即准晶向近似晶体转变。

如图 6-1 所示,D 相准晶有 H、K 两个方向的二重轴。D 相的(10000)反射峰对应的($m0\bar{n}\,\bar{n}0$)反射峰位置变量的表达式为

$$\Delta \boldsymbol{Q}_\parallel^{j=0} = \boldsymbol{M} \cdot \boldsymbol{Q}_\perp (\theta_1, 0) \tag{6-3}$$

$$\Delta Q_\parallel^{j=1,4} = \frac{Q_\perp}{4}\left(-\theta_1 + \frac{\tau^2+1}{\tau}\theta_2, \pm \sqrt{\tau^2+1}\,(\tau\theta_1 + \tau^{-2}\theta_2)\right) \tag{6-4}$$

$$\Delta Q_\parallel^{j=2,3} = \frac{Q_\perp}{4}\left(-\theta_1 - \frac{\tau^2+1}{\tau}\theta_2, \pm \sqrt{\tau^2+1}\,(-\tau^{-2}\theta_1 + \tau\theta_2)\right) \tag{6-5}$$

其中

$$Q_\perp = \frac{2\pi\sqrt{\dfrac{2}{5}}}{\left[A_{5D}\left(m - \dfrac{n}{\tau}\right)\right]} \tag{6-6}$$

D 相准晶的($0100\bar{1}$)反射峰对应的($0mn\bar{n}\,\bar{m}$)反射峰的位置变量的表达

式为

$$\Delta Q_{/\!/}^{j=0} = \boldsymbol{M} \cdot \boldsymbol{Q}_\perp(0,\theta_2) \qquad (6-7)$$

$$\Delta Q_{/\!/}^{j=2,3} = \frac{Q_\perp}{4}\left(\pm\sqrt{\tau^2+1}(\tau\theta_1-\tau^{-2}\theta_2),\frac{\tau^2+1}{\tau}\theta_1-\theta_2\right) \qquad (6-8)$$

$$\Delta Q_{/\!/}^{j=1,4} = \frac{Q_\perp}{4}\left(\pm\sqrt{\tau^2+1}(\tau^{-2}\theta_1+\tau\theta_2),\frac{\tau^{-2}+1}{\tau}\theta_1-\theta_2\right) \qquad (6-9)$$

其中

$$Q_\perp = \frac{2\pi\sqrt{\frac{2}{5}}}{\left[A_{5D}\sqrt{\tau^2+1}\left(\frac{m}{\tau}-1\right)\right]} \qquad (6-10)$$

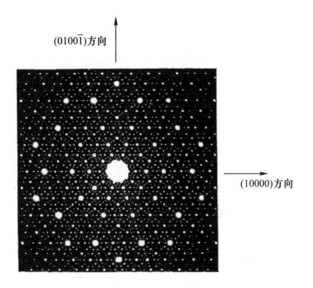

图 6-1 D 相准晶的 H、K 方向的二重轴

线性相子应变引起的相变使准晶向近似晶体转变,其主要原因是在准晶结构中线性相子应变的 XRD 衍射峰产生位置变量,这个位置变量引起准晶格子近似周期排列,进而使准周期晶体结构转变为近似晶体结构。在这种情况下,准周期排列的格子间距离比值为黄金比 τ 的倒数(无理数),即

$$\frac{1}{\tau} = \frac{\sqrt{5}+1}{2} = \cfrac{1}{1+\cfrac{1}{1+\cfrac{1}{1+\cdots}}} \qquad (6-11)$$

$1/\tau$ 为无限连续分数。每一段分数都可作为近似周期数值,即

$$\frac{1}{1},\frac{1}{2},\frac{2}{3},\frac{3}{5},\frac{5}{8},\frac{8}{13},\cdots \quad (6-12)$$

近似晶体的周期是(6-12)中对应的分数作为周期。将 θ_1、θ_2 分别用 λ_1、λ_2 表示,展开连续分数获得 λ_1、λ_2,分别用对应的式(6-12)的分数 p_1/q_1、p_2/q_2 表示 λ_1、λ_2,即

$$\begin{cases} \theta_1 = \dfrac{\lambda_1 - \dfrac{1}{\tau}}{\lambda_1 + \tau} \\ \theta_2 = \dfrac{1 - \tau\lambda_2}{\lambda_2 + \tau} \\ \lambda_1 = \dfrac{p_1}{q_1} \\ \lambda_2 = \dfrac{p_2}{q_2} \end{cases} \quad (6-13)$$

利用 p_1、q_1、p_2、q_2 和 A_{5D} 可以获得近似晶体的晶格常数 a 和 b,即

$$a = \sqrt{\frac{2}{5}} A_{5D} \cdot (p_1 + q_1\tau) \quad (6-14)$$

$$b = \sqrt{\frac{2}{5}} A_{5D} \cdot \frac{\sqrt{\tau^2 + 1}}{\tau}(p_2 + q_2\tau) \quad (6-15)$$

6.2 准晶衍射峰的解析

6.2.1 衍射峰的高斯函数拟合

用高斯函数拟合准晶 XRD 衍射强度峰的方法分析准晶结构。D 相准晶的周期由二维准周期(H 和 K 方向,且 $H \perp K$)和一维周期构成,在准晶准周期面上,其衍射波峰可用高斯函数拟合。以 CuKa 为 X 入射线,可分为 Ka1 和 Ka2,其强度比为 2∶1,如图 6-2 所示,通过准晶在准周期 K(或 H)方向衍射峰的高斯函数拟合,对比准晶布拉格反射波峰的位置变化,计算准晶在准周期 K(或 H)方向衍射波峰的半高宽(Full Width Half Maximum,FWHM)及波峰位置,确定准晶的相子应变量。在图 6-3 中准晶在周期 L 方向衍射峰的高斯函数拟合,周期 L 的变化,引起准晶在准周期面间距的变化,从而引起准晶格子间距的变化。

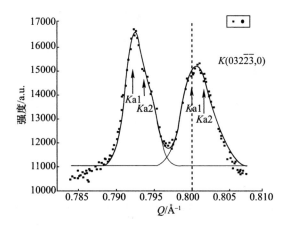

图 6-2 准晶准周期 K 方向的高斯函数拟合

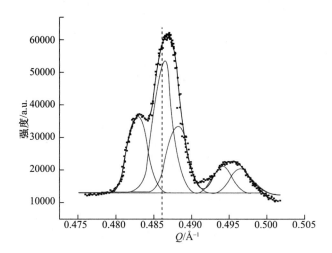

图 6-3 准晶的周期 L 方向的高斯函数拟合

以 MoKa 线对应的 Ka1 和 Ka2 的波长分别为 7.092nm 和 7.126nm,倒易点阵空间的衍射波峰的位置比为 1 : 1006,波峰强度比为 2 : 1。将两个高斯函数合成后的函数用 $f(x)_{cal}$ 表示,即

$$f(x)_{cal} = f_0 + \frac{s \times s_1}{w\sqrt{\pi/2}} \exp\left(-2\frac{(x-q)^2}{w^2}\right) + \frac{s \times s_2}{w\sqrt{\pi/2}} \exp\left(-2\frac{(x-q \times 1.006)^2}{w^2}\right)$$

(6-16)

式中:f_0 为 offset 函数;q 为中心位置;w 为宽度;s 为面积,$s_1 : s_2 = 2 : 1$。w 与半高宽(FWHM)的关系为

$$w = \frac{\mathrm{FWHM}}{\sqrt{2\ln 2}} \qquad (6-17)$$

6.2.2 衍射峰的位置变量

根据式(6-16)和式(6-17)计算 $Al_{72.7}Ni_{8.0}Co_{19.3}$ D 相准晶的准周期面内 H 和 K 方向上的衍射峰的半高宽,确定 H 和 K 方向上衍射峰的半高宽分别与其平行子空间 $Q_{//}$ 及垂直子空间 $Q_{\perp}$ 的位置关系($Q_{//} \perp Q_{\perp}$)。图 6-4(a)与图 6-4(b)分别是经 1003K 热处理 $Al_{72.7}Ni_{8.0}Co_{19.3}$ 准晶的衍射峰的半高宽与 $Q_{//}$、$Q_{\perp}$ 的位置关系图。从图 6-4(a)中可以看出衍射峰的半高宽大小随 $Q_{//}$ 及 $Q_{\perp}$ 变化而变化,随着 $Q_{//}$ 的增加,H 和 K 方向上的衍射峰的半高宽的范围为 $2 \times 10^{-4} \sim 4.5 \times 10^{-4} \mathrm{nm}^{-1}$,而在图 6-4(b)中随着 $Q_{\perp}$ 的增加,在 H 和 K 方向上的半高宽值也增加,这说明准晶的衍射峰位置发生了偏离,即准晶内部结构发生变化。

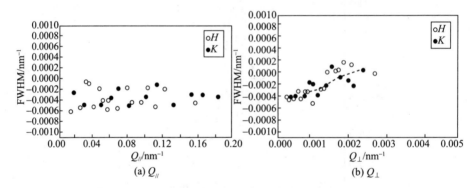

图 6-4　$Al_{72.7}Ni_{8.0}Co_{19.3}$ 的衍射波峰的半高宽与 Q 的位置关系

图 6-5 是经 1003K 热处理后的 $Al_{72.7}Ni_{8.0}Co_{19.3}$ 准晶的位置变量 $\Delta Q_{//}$ 分别对 $Q_{//}$ 和 $Q_{\perp}$ 的位置关系图。在图 6-5(a)中 $\Delta Q_{//}$ 随着 $Q_{//}$ 的距离增加,在 H 方向的 $\Delta Q_{//}$ 变化范围在 $-0.0006 \sim 0.00006 \mathrm{nm}^{-1}$ 之间;在 K 方向上的 $\Delta Q_{//}$ 变化范围在 $-0.0002 \sim 0.0002 \mathrm{nm}^{-1}$。在图 6-5(b)中 $\Delta Q_{//}$ 随着 $Q_{\perp}$ 的增加而增加(或减少),在 H 方向的相子应变量 $\theta_1 = \pm 0.021$。而在 K 方向上 $\Delta Q_{//}$ 的变化量较小,其相子应变量 $\theta_2 = 0$。利用 θ_1 和 θ_2 计算 $Al_{72.7}Ni_{8.0}Co_{19.3}$ 近似晶体的点阵常数为 6.105nm,这与文献[1] Al-Ni-Co 的点阵常数为 6.105(6)nm 的计算结果相一致,经 1003K 处理后的 $Al_{72.7}Ni_{8.0}Co_{19.3}$ 的二维准晶向一维准晶转化。由此可见,不同成分的准晶的相子应变能引起准晶结构发生变化。

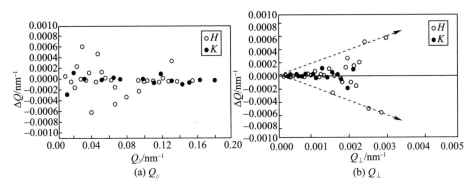

图6–5　$Al_{72.7}Ni_{8.0}Co_{19.3}$的半高宽与位置变量的关系

6.2.3　热处理温度对衍射峰的影响

计算经773K、973K和1173K的热处理$Al_{73.0}Ni_{6.5}Co_{20.5}$准晶的衍射峰的半高宽量。在773K(图6–6)和973K(图6–7)温度处理的$Al_{73.0}Ni_{6.5}Co_{20.5}$准晶的衍射峰的半高宽范围为$2\times10^{-4}\sim4\times10^{-4}$nm,这主要由于准晶原子热运动引起位置偏离,这种偏离在原子与原子之间相互作用下,使准晶原子保持平衡状态,而在1173K(图6–8)温度处理的$Al_{73.0}Ni_{6.5}Co_{20.5}$,准晶的衍射峰的半高宽随衍射峰的位置呈对称分布,这属于线性相子应变,$Al_{73.0}Ni_{6.5}Co_{20.5}$准晶由二维准周期排列向一维近似晶体排列转变。

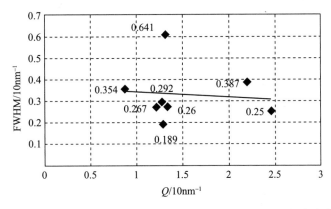

图6–6　经773K热处理的$Al_{73.0}Ni_{6.5}Co_{20.5}$准晶的衍射峰的位置与半高宽的关系

图6–9是在900℃热处理后$Al_{70.1}Ni_{24.0}Co_{5.9}$单晶相准晶衍射波峰的半高宽与$Q$位置的关系图。从图中可以观察到$Al_{70.1}Ni_{24.0}Co_{5.9}$衍射峰的半高宽不随$Q_{//}$及$Q_{\perp}$变化而变化,在准周期面上,$H$、$K$方向上的衍射波峰的半高宽值都接近

$3.0 \times 10^{-3} \text{Å}^{-1}$。900℃热处理后的 $Al_{70.1}Ni_{24.0}Co_{5.9}$ 准晶属于 Al – Ni – Co 相图中的 bNi(Ni – rich basic structure)结构,处于稳定状态,没有向其他结构转变的倾向。

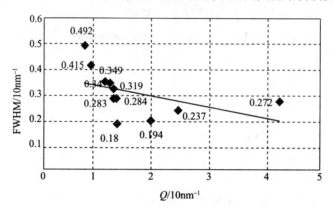

图6-7 经973K热处理的 $Al_{73.0}Ni_{6.5}Co_{20.5}$ 准晶的衍射峰的位置与半高宽的关系

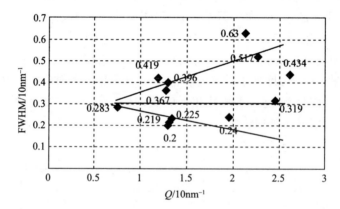

图6-8 经1173K热处理的 $Al_{73.0}Ni_{6.5}Co_{20.5}$ 准晶的衍射峰的位置与半高宽的关系

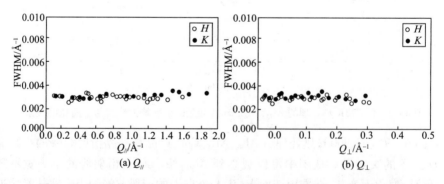

图6-9 900℃热处理 $Al_{70.1}Ni_{24.0}Co_{5.9}$ 衍射波峰的半高宽与 Q 位置的关系

图 6-10 为 800℃ 热处理的 $Al_{70.1}Ni_{24.0}Co_{5.9}$ 单晶相的准晶衍射波峰的半高宽与 $Q_{//}$ 及 $Q_{\perp}$ 的位置关系图,从图中观察到衍射波峰的半高宽分别随着 $Q_{//}$ 及 $Q_{\perp}$ 变化而发生微小的变化,随着 $Q_{//}$ 的增加,H、K 的半高宽有微小的直线上升的趋势,随着 $Q_{\perp}$ 的增加,H、K 的半高宽在半高宽的平均值为 $3.0 \times 10^{-3} Å^{-1}$ 的直线上上下波动,这与 900℃ 处理准晶的衍射峰的半高宽比较,内部结构发生微小的变化,但其结构处于稳定状态。

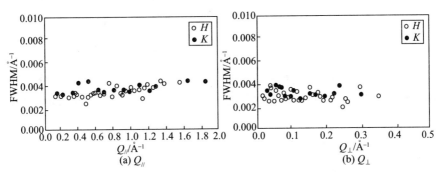

图 6-10 经 800℃ 热处理后的 $Al_{70.1}Ni_{24.0}Co_{5.9}$ 衍射波峰的半高宽与 Q 位置的关系

$Al_{70.1}Ni_{24.0}Co_{5.9}$ 单晶相的准晶分别在 700℃ 和 600℃ 热处理后,其在准周期面 H、K 方向上衍射峰的半高宽大小随着 $Q_{//}$ 增大而增大,但不随 $Q_{\perp}$ 增大而增大,这说明在 $Al_{70.1}Ni_{24.0}Co_{5.9}$ 准晶体内部受声子作用的影响,内部结构发生变化。如图 6-11 所示,经 700℃ 热处理的 $Al_{70.1}Ni_{24.0}Co_{5.9}$ 准晶的衍射波峰半高宽随着 $Q_{//}$ 的增加呈现线性增大,而经 600℃ 热处理的 $Al_{70.1}Ni_{24.0}Co_{5.9}$ 准晶的衍射波峰半高宽的变化幅度(图 6-12)比经 700℃ 热处理的变化小,根据图 6-13 的 Al-Ni-Co 相图,经 600℃ 热处理的 $Al_{70.1}Ni_{24.0}Co_{5.9}$ 准晶的结构由 BNi 型向 S1(S1-type superstructure)型发生转变,经 700℃ 热处理的 $Al_{70.1}Ni_{24.0}Co_{5.9}$ 准晶结构也在发生变化,由 S1 型向 TypeI(superstructure)型发生转变。

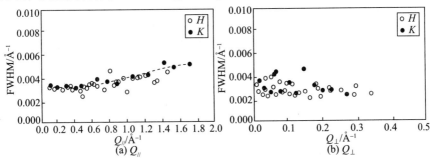

图 6-11 经 700℃ 热处理后的 $Al_{70.1}Ni_{24.0}Co_{5.9}$ 衍射波峰的半高宽与 Q 位置的关系

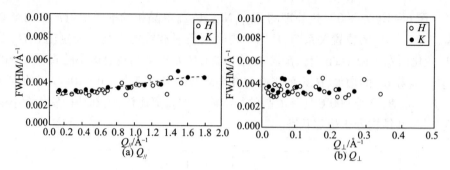

图6-12 经600℃热处理后的$Al_{70.1}Ni_{24.0}Co_{5.9}$衍射波峰的半高宽Q位置的关系

从Al-Ni-Co相图(图6-13)[2]可以看到Al-Ni-Co准晶的成分、温度及结构类型的关系。从图6-9~图6-12中观察到$Al_{70.1}Ni_{24}Co_{5.9}$准晶从高温到低

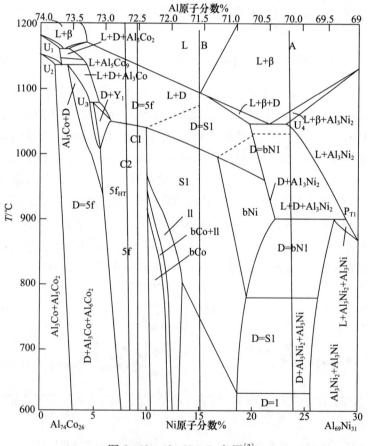

图6-13 Al-Ni-Co相图[2]

温准晶的衍射峰(半高宽)发生变化,且从低温到高温准晶的衍射峰(半高宽)的变化是可逆的,这也说明准晶的相子应变是可逆的,其准晶结构变化也是可逆的。

6.3 准晶的相和相子应变

6.3.1 Al-Cu-Fe-Mn 准晶相

相是成分相同、结构相同、有界面、有相同的物理性质和化学性质的均匀部分。相变是从已存的相中生成新的相。之所以为新相,生成部分与原有部分存在着或成分不同、或相结构不同、或有序度不同、或兼而有之,并且和原来部分有界面分隔。原来的部分称为母相或反应相,在转变过程中数量减少;生成部分称为新相或生成相,在转变过程中数量增加。固态物质内部组织结构的变化称为固态相变。在热处理过程中,材料处于固态,但其内部都有不同的固态相变发生,准晶材料也一样,在一定温度处理后也会发生相变。从 Al-Cu-Fe-Mn 准晶成分(表6-1)、相图(图6-14)及其衍射峰对应的相(图6-15)可以观察到 Al-Cu-Fe-Mn 准晶成分在一定区域存在周期相和准晶相(D相、混合准晶相)等。

表6-1 Al-Cu-Fe-Mn 准晶成分

Al65 Cu20line Fe⇔Mn	Al/% (原子 分数)	Cu/% (原子 分数)	Fe/% (原子 分数)	Mn/% (原子 分数)
(○1)	65	20	10	5
(○2)	65	20	9	6
(○3)	65	20	8	7
(○4)	65	20	7	8
(○5)	65	20	5	10
(○6)	65	20	4	11
(○7)	65	20	6	9
(○8)	65	20	9.5	5.5

Al55 Fe7line Cu⇔Mn	Al/% (原子 分数)	Cu/% (原子 分数)	Fe/% (原子 分数)	Mn/% (原子 分数)
(△1)	65	22	7	6
(△2)	65	18	7	10
(△5)	65	24	7	4
(△6)	65	16	7	12

Al55 Fe7line Cu⇔Fe	Al/% (原子 分数)	Cu/% (原子 分数)	Fe/% (原子 分数)	Mn/% (原子 分数)
(□3)	65	18	9	8
(□4)	65	22	5	8
(□7)	65	16	11	8
(□8)	65	24	3	8

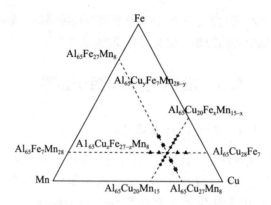

图6-14 Al-Cu-Fe-Mn 准晶相图

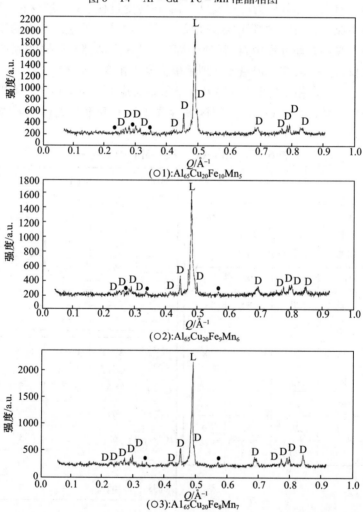

(○1): $Al_{65}Cu_{20}Fe_{10}Mn_5$

(○2): $Al_{65}Cu_{20}Fe_9Mn_6$

(○3): $Al_{65}Cu_{20}Fe_8Mn_7$

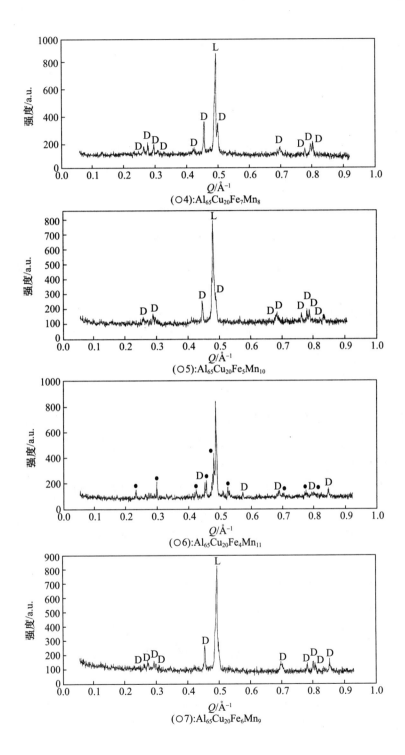

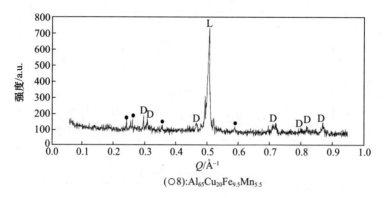

(○8):$Al_{65}Cu_{20}Fe_{9.5}Mn_{5.5}$

图6-15 Al-Cu-Fe-Mn准晶的衍射峰及对应的相

在Al-Cu-Fe-Mn准晶中有多种准晶相存在,一个多组分(或单组分)、多相体系的平衡状态随平衡因素(温度、压力和组分含量等)变化而变化,最终达到相平衡。相图是相平衡的直观表现。吉布斯根据热力学基本原理推导多相平衡系统的普遍规律——相律。相律表示多相平衡系统中系统的自由度f、独立组元素C、相数P和外界影响因素数n之间的关系。相律的表达式为

$$f = C - P + n \tag{6-18}$$

在已达到平衡状态的系统中,在一定范围内改变独立变量会引起旧相消失或新相产生。在图6-15的$Al_{65}Cu_{20}Fe_XMn_{15-X}(X=4\sim10)$准晶衍射峰中,L代表周期相,D代表准晶的D相,黑色点则代表混合相。从图6-15中可以观察到,随着成分含量的变化,准晶相也变化。准晶多种相共存,相数相对比较大,使准晶在实际应用受到局限。而$Al_{65}Cu_{20}Fe_6Mn_9$、$Al_{65}Cu_{20}Fe_7Mn_8$和$Al_{65}Cu_{20}Fe_5Mn_{10}$这三种成分的准晶在准周期面上都只存在D相,并没有其他混合相,也就是说准晶的相数减少,相对容易控制准晶的结构变化。

由此可见,Al-Cu-Fe-Mn准晶存在周期相,准周期面上的混合相以及单一D相,相对保持相的平衡状态,随微量Fe元素增加在Al-Cu-Fe-Mn准周期面上由混合相,逐步向D相转变,达到单一的D相的存在方式,再增加微量Fe元素,准晶再由单一D相,向混合相转变。增加微量Fe元素由准晶相(混合相)向D相转化,这是因为准晶通过掺杂微量元素后原子之间相互作用,由原来的稳定相向新的相转变,重新建立相平衡,进而达到稳定状态。因此在一定条件下准晶的相可以互相转化。

6.3.2 准晶的混合相

Al-Co 合金除具有十次对称准晶(图 6-16(a))外,还有一系列与准晶密切相关的单胞晶体相,如正交的 $Al_{13}Co_4$ 晶体近似相(图 6-16(b))、单斜 $Al_{13}Co_4$ 相以及与单斜 $\tau^2-Al_{13}Co_4$ 相(图 6-16(c))的多种结构变体,它们的 b 轴都平行于周期方向,即与十次对称准晶的周期方向相同。

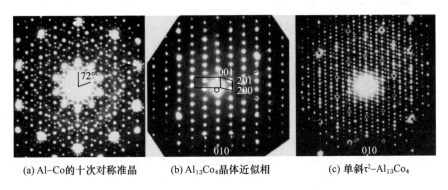

(a) Al-Co 的十次对称准晶　　(b) $Al_{13}Co_4$ 晶体近似相　　(c) 单斜 $\tau^2-Al_{13}Co_4$

图 6-16　Al-Co 合金透射电子图案[3]

用气相沉积法制备的 $Cr_{70.6}Ni_{29.4}$ 合金粉末,从合金粉末的电子衍射图观察到十二次旋转对称,由衍射点构成众多正方形和正三角形(30°菱形)的准周期分布,并且还发现二维十二次对称准晶相与 Cr-Ni 四角 σ 相共存,后者的晶胞中有两个正方形和四个三角形结构单元,它是典型的六角四面体密堆相(TCP 相)或 Frank Kasper 相。用急冷凝固法制备的 V_3Ni_2 和 $V_{15}Ni_{10}Si$ 合金,从这两种合金的电子衍射图中观察到二维十二次对称准晶相(图 6-17)与 σ 相共存[4-5]。在 $Ta_{16}Te$ 的电子衍射图中发现十二次对称准晶相和一系列与 σ 相结构类似的 $Ta_{16}-Te$ 晶体相共存[6-9]。另外,从树枝状有机超分子液晶的电子衍射图中发现十二次液晶准晶[10]。$Cr_5Ni_3Si_2$ 八次对称准晶的电子衍射图[11]如图 6-18 所示,与十次对称准晶相似,八次对称准晶也是一种二维准晶,具有八次旋转对称的准周期平面,与准周期平面垂直方向是一维周期方向。在 Mn_4Si 合金电子衍射图中发现八次对称准晶[12-13]。这些准晶相都与一种具有 β-Mn 结构的类似准晶的晶体相共存。从准晶结构可以看出,准晶既有单晶相的准晶,也有多晶相共存的准晶。这些都说明准晶相与晶体相能够共同存在。

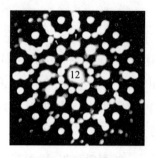

图6-17 V_3Ni_2 十二次对称准晶的电子衍射图[4]

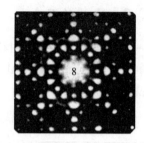

图6-18 $Cr_5Ni_3Si_2$ 八次对称准晶的电子衍射图[11]

6.3.3 准晶的相子应变

采用急冷法制备 Al-Cu-Fe-Mn 准晶,经过 700~910℃温度处理,不同成分含量的 Al-Cu-Fe-Mn D 相准晶的 XRD 特征衍射峰如图 6-19 所示, $Al_{65}Cu_{24}Fe_3Mn_8$、$Al_{65}Cu_{22}Fe_5$、$Mn_8Al_{65}Cu_{18}Fe_9Mn_8$ 在准周期面上 H 方向的 $H(00-110)$、$H(10-110)$、$H(10-1-10)$ 的衍射峰都存在 $\theta_1 = -\tau^{-6}$ 或 $-\tau^{-8}$ 二种相子应变。随着温度升高在准周期面内 $(H \perp K)H$ 方向相子应变从 $-\tau^{-6}$ 变化到 $-\tau^{-8}$,而在 K 方向的相子应变由 τ^{-5} 变化到 0,即二维准晶向一维准晶转化,不同成分的 Al-Cu-Fe-Mn 准晶经过热处理后的相子应变量如表 6-2 所列。

表 6-2 热处理后 Al-Cu-Fe-Mn 准晶的相子应变量

温度/℃ \ 成分 准周期	$Al_{65}Cu_{24}Fe_3Mn_8$	$Al_{65}Cu_{22}Fe_5Mn_8$	$Al_{65}Cu_{18}Fe_9Mn_8$	$Al_{65}Cu_{20}Fe_7Mn_8$
910	—	τ^{-8},0	$-\tau^{-8}$,0	—
880	—	τ^{-8} τ^{-5}	$-\tau^{-8}$,0	$-\tau^{-6}$,0
800	τ^{-6} τ^{-5}	τ^{-6} τ^{-5}	τ^{-6} τ^{-5}	$-\tau^{-6}$,0
700	τ^{-6},τ^{-5}	τ^{-6} τ^{-5}	τ^{-6} τ^{-5}	$-\tau^{-6}$,0

从表 6-2 中可以看出,$Al_{65}Cu_{24}Fe_3Mn_8$ 在 880~910℃的热处理后,以及 $Al_{65}Cu_{20}Fe_7Mn_8$ 在 910℃处理后,都无法形成准晶。而 $Al_{65}Cu_{22}Fe_5Mn_8$ 在 910℃温度处理后,$Al_{65}Cu_{18}Fe_9Mn_8$ 在 880~910℃热处理后,以及 $Al_{65}Cu_{20}Fe_7Mn_8$ 在 700~880℃热处理后都形成一维准晶,由此可以看出,Al-Cu-Fe-Mn 准晶减少 Cu 的量有利于在 880~910℃高温区域形成一维准晶。经 700~800℃热处理的 $Al_{65}Cu_{24}Fe_3Mn_8$、$Al_{65}Cu_{22}Fe_5Mn_8$ 和 $Al_{65}Cu_{18}Fe_9Mn_8$ 在准周期面 H、K 上相子应变分别为 τ^{-6}、τ^{-5};而 $Al_{65}Cu_{22}Fe_5Mn_8$ 经 880℃温度处理后在准周期面 H、K 上相子应变分别为 τ^{-8}、τ^{-5}。由此可见,$Al_{65}Cu_{22}Fe_5Mn_8$ 经低温(700~800℃)处理

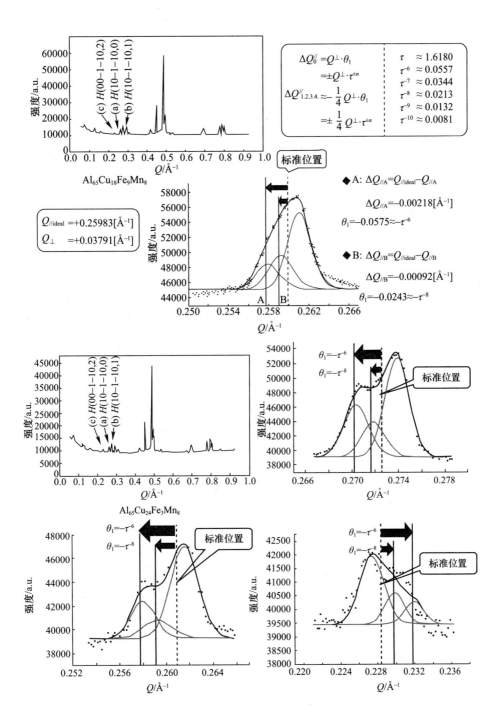

准晶在 H 方向的相子应变(τ^{-6})是高温(880~910℃)处理准晶在 H 方向的相子应变(τ^{-8})的 τ^2 倍,即同种材料的准晶在低温的相子应变远远大于高温的相子应变。根据布拉格的衍射峰相位应变量 θ 与垂直子空间 $Q_\perp$ 位置变量的关系,发现在不同温度和成分的 Al-Cu-Fe-Mn 准晶的衍射峰发生变化,引起晶格常数的变化,如表 6-3 所列。在表 6-3(a)(b)中,热处理温度为 800℃ 的 $Al_{65}Cu_{24}Fe_3Mn_8$ 准晶和 $Al_{65}Cu_{18}Fe_7Mn_{10}$ 准晶具有相同的线性相位应变 $\theta_1 = \tau^{-6}$ 和 $\theta_2 = \tau^{-5}$,根据式(6-14)和式(6-15)计算其晶格常数也不同。在表 6-3(c)中,热处理温度为 880℃ 的 $Al_{65}Cu_{18}Fe_7Mn_{10}$ 准晶具有线性相位应变 $\theta_1 = \tau^{-10}$ 和 $\theta_2 = \tau^{-5}$,对应的晶格常数 $a = 3.814$nm 和 $b = 2.005$nm。在表 6-3(e)(g)中,$Al_{65}Cu_{18}Fe_9Mn_8$、$Al_{65}Cu_{20}Fe_7Mn_8$ 的准晶线性相位应变 $\theta_2 = 0$,即二维准晶体转变为一维准晶体。Al-Cu-Fe-Mn 特征衍射峰的变化引起相子应变,这与准晶的稳定性,以及从准晶相向近似晶体周期相转变密切相关。在一定的线性相子应变条件下,二维准晶体转变为一维准晶体或近似晶体。从 Al-Cu-Fe-Mn 准晶的高分辨率 X 射线衍射测试结果分析,Al-Cu-Fe-Mn 准晶转变为近似晶体与单晶 $Al-Ni-Co_{2,3}$ 和 $Al-Pb-Mn_4$ 有相同的周期相的结构。在 Al-Cu-Fe-Mn

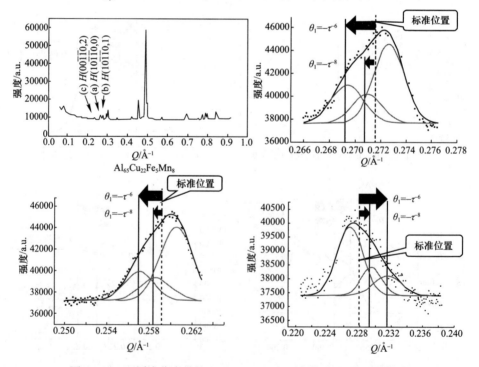

图 6-19 不同成分含量的 Al-Cu-Fe-Mn 准晶 XRD 特征衍射峰

合金系统中,Tasi 等[14]研究者发现由 $Al_{65}Cu_{20}Fe_{10}Mn_5$ 成分组成的一维准晶体,其晶格常数为 1.84nm。此外,Yang[15]等发现两个新的一维准晶相,其成分也是 $Al_{65}Cu_{20}Fe_{10}Mn_5$,且晶格常数分别为 2.99nm 和 4.14nm。从表 6-3 可以看出,不同成分和不同温度 Al-Cu-Fe-Mn 的点阵常数(A_{5D})、波峰的标准位置、波峰分离后的位置,都存在差异。准周期面内的结构的变化,引起周期方向晶体常数(C)的变化,由 D 相准晶向一维准晶转化。

表 6-3 Al-Cu-Fe-Mn 准晶的特征峰的测量位置

波峰指数	标准波峰位置/nm^{-1}	分裂波峰的位置/nm^{-1}		
m0$\bar{n}$ $\bar{n}$0l		m0$\bar{n}$ $\bar{n}$0l	$\bar{n}$0m0nl	0m0$\bar{n}$nl
(a) $Al_{65}Cu_{24}Fe_3Mn_8$ 800℃; $\theta_1 = \tau^{-6}, \theta_2 = \tau^{-5}, A_{5D} = 0.6361nm、c = 1.234nm$				
101$\bar{1}$00	2.6030	2.6242	2.5788	2.6174
101$\bar{1}$01	2.7263	2.7465	2.7032	2.7399
001$\bar{1}$03	2.9152	2.8965	2.9375	2.9033
101$\bar{1}$02	3.0664	3.0844	3.0459	3.0785
(b) $Al_{65}Cu_{18}Fe_7Mn_{10}$ 800℃; $\theta_1 = \tau^{-6}, \theta_2 = \tau^{-5}, A_{5D} = 0.6364nm、c = 1.230nm$				
101$\bar{1}$00	2.6018	2.6230	2.5775	2.6157
101$\bar{1}$01	2.7259	2.7461	2.7027	2.7392
001$\bar{1}$03	2.9214	2.9027	2.9436	2.9093
101$\bar{1}$02	3.0681	3.0861	3.0475	3.0799
(c) $Al_{65}Cu_{18}Fe_7Mn_{10}$ 880℃; $\theta_1 = \tau^{-10}, \theta_2 = \tau^{-5}, A_{5D} = 0.6368nm、c = 1.234nm$				
101$\bar{1}$00	2.6002	2.6033	2.5804	2.6185
101$\bar{1}$01	2.7234	2.7264	2.7046	2.7410
001$\bar{1}$03	2.9134	2.9107	2.9316	2.8972
101$\bar{1}$02	3.0636	3.0662	3.0468	3.0792
(d) $Al_{65}Cu_{18}Fe_9Mn_8$ 800℃; $\theta_1 = \tau^{-6}, \theta_2 = \tau^{-5}, A_{5D} = 0.6361nm、c = 1.230nm$				
101$\bar{1}$00	2.6030	2.6242	2.5787	2.6170
101$\bar{1}$01	2.7270	2.7473	2.7038	2.7404
001$\bar{1}$03	2.9218	2.9031	2.9440	2.9098
101$\bar{1}$02	3.0692	3.0871	3.0485	3.0810
(e) $Al_{65}Cu_{18}Fe_9Mn_8$ 880℃; $\theta_1 = -\tau^{-8}, \theta_2 = 0, A_{5D} = 0.6340nm、c = 1.2285nm$				
101$\bar{1}$00	2.6117	2.6035	2.6137	2.6137
101$\bar{1}$01	2.7356	2.7278	2.7375	2.7375
001$\bar{1}$03	2.9272	2.9345	2.9254	2.9254
101$\bar{1}$02	3.0775	3.0706	3.0792	3.0792

续表

(f) $Al_{65}Cu_{20}Fe_7Mn_8$ 800℃;$\theta_1=\tau^{-6}$,$\theta_2=0$,$A_{5D}=0.6360nm$、$c=1.229nm$				
$101\bar{1}00$	2.6034	0.25823	0.26087	0.26087
$101\bar{1}01$	2.7276	0.27074	0.27327	0.27327
$001\bar{1}03$	2.9236	0.29426	0.29189	0.29189
$101\bar{1}02$	3.0702	0.30523	0.30747	0.30747
(g) $Al_{65}Cu_{20}Fe_7Mn_8$ 880℃;$\theta_1=-\tau^{-6}$,$\theta_2=0$,$A_{5D}=0.6360nm$、$c=1.232nm$				
$101\bar{1}00$	2.6034	2.5823	2.6087	2.6087
$101\bar{1}01$	2.7270	2.7068	2.7321	2.7321
$001\bar{1}03$	2.9186	2.9377	2.9140	2.9140
$101\bar{1}02$	3.0681	3.0502	3.0726	3.0726

利用 Al – Cu – Fe – Mn 准晶线性相子应变量计算 Al – Cu – Fe – Mn 准晶在准周期面上的衍射峰位置偏移量。图 6 – 20(a) 为 Al – Cu – Fe – Mn 准晶正十面准晶排列图。在 $Q_{//x}$(m0 – n – n0) 和 $Q_{//y}$(0mn – n – m) 准周期面上的箭头指向的位置分别代表 $Q_{//x}$(10 – 11 – 0) 和 $Q_{//y}$(011 – 1 – 1) 波峰的位置。图 6 – 20(b) 为近似晶体准晶排列图,将线性相子应变量 $\theta_1=\tau^{-6}$、$\theta_2=\tau^{-5}$ 分别代入式(6 – 1) 和式(6 – 2) 计算波峰位置偏移量。Al – Cu – Fe – Mn 准晶的(10 – 11 – 0) 衍射峰的偏移量为中心位置到第十格子的偏移量,利用 $A_{5D}=0.6361nm$ 和 $\theta_1=\tau^{-6}$ 计算倒易空间晶格间距为 $2.6242nm^{-1}$,晶格常数 $a=3.811nm$,是一维周期晶格常数 $1.905nm$ 的 2 倍。$Q_{//x}$ 轴上的奇数波峰不属于这个一维近似晶体的衍射峰。同样,Al – Cu – Fe – Mn 准晶的(01111) 衍射峰的偏移量为中心位置到第六格子的偏移量,利用 $A_{5D}=0.6361nm$ 和 $\theta_1=\tau^{-5}$ 计算倒易空间晶格间距为 $1.9966nm^{-1}$,其晶格常数 $b=2.003nm$,是一维周期晶格常数 $1.002nm$ 的 2 倍。$Q_{//y}$ 轴上的奇数波峰不在这个周期范围内,也不属于这个一维近似晶体的衍射峰。图 6 – 20(c) 为近似晶体的排列图,用 $\theta_1=\tau^{-10}$、$\theta_2=\tau^{-5}$ 的相子应变量计算斜方晶波峰位置的偏离量。Al – Cu – Fe – Mn 准晶的(10 – 11 – 0) 衍射峰和(01111) 衍射峰的偏移量分别为中心位置到第二十六格子和第六格子的偏移量,利用 $A_{5D}=0.6361nm$、$\theta_1=\tau^{-10}$、$\theta_2=\tau^{-5}$ 计算倒易空间晶格间距分别为 $2.6033nm^{-1}$、$2.9916nm^{-1}$,其晶格常数 $a=9.998nm$、$b=2.006nm$ 分别是一维周期晶格常数的 2 倍。

$Al_{65}Cu_{18}Fe_9Mn_8$、$Al_{65}Cu_{18}Fe_7Mn_{10}$、$Al_{65}Cu_{24}Fe_3Mn_8$ 分别经过 800℃ 温度处理后,形成一维准晶,属于近似晶体的第一种类型线性相子应变,经过 880℃ 温度处理后,$Al_{65}Cu_{18}Fe_7Mn_{10}$ 形成一维准晶,属于近似晶体的第二种类型线性

相子应变,且第二种类型线性相子应变能够转换到第一种类型线性相子应变。$Al_{65}Cu_{18}Fe_9Mn_8$准晶经800℃温度处理后,其线性相子应变为$\theta_1=-\tau^{-6}$、$\theta_2=\tau^{-5}$,而经880℃温度处理$Al_{65}Cu_{18}Fe_9Mn_8$线性相子应变为$\theta_1=-\tau^{-6}$、$\theta_2=0$。Yang[14]已发现准晶存在两种类型线性相子应变,即$\theta_1=\tau^{-6}$、$\theta_2=0$,和$\theta_1=-\tau^{-8}$、$\theta_2=0$。由此可见,Al-Cu-Fe-Mn有三种类型的线性相子应变,即$\theta_1=\tau^{-6}$、$\theta_2=0$,$\theta_1=-\tau^{-8}$、$\theta_2=0$,以及$\theta_1=-\tau^{-6}$、$\theta_2=0$[15-16]。另外,$Al_{65}Cu_{20}Fe_7Mn_8$在800℃、880℃热处理后,形成一维准晶的线性相子应变$\theta_1=-\tau^{-6}$、$\theta_2=0$。其中线性相子应变$\theta_1=-\tau^{-6}$是上述$\theta_1=\tau^{-6}$、$-\tau^{-8}$系列线性相变的另一种类型。

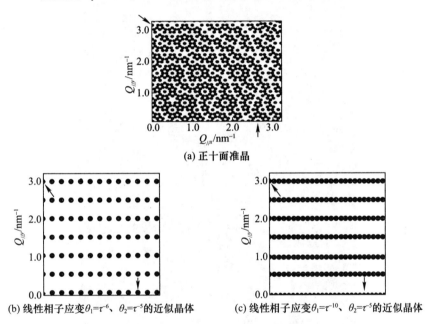

(a) 正十面准晶

(b) 线性相子应变$\theta_1=\tau^{-6}$、$\theta_2=\tau^{-5}$的近似晶体

(c) 线性相子应变$\theta_1=\tau^{-10}$、$\theta_2=\tau^{-5}$的近似晶体

图6-20 模拟准晶平面内格子排列[14]

准晶一般在高温处于稳定状态,低温向近似晶体转变。从Al-Ni-Co相图中准晶成分处于$5f_{HT}$、$5f$结构的$Al_{73.0}Ni_{6.5}Co_{20.5}$准晶发生相子应变,向近似晶体转变,而准晶成分处于D=bNi、S1=bCo的结构$Al_{70.1}Ni_{24}Co_{5.9}$准晶没有发生相子应变,其相与相之间存在过渡态。图6-21为Al-Ni-Co D相准晶的D=bNi、S1=bCo、$5f_{HT}$、$5f$等结构类型的衍射图,其存在衍射斑点的位置和强弱的差异,但都具有十轴对称性。

Al-Ni-Co准晶的组成成分、热处理温度及其相子应变关系如表6-4所列,根据图6-16的Al-Ni-Co相图[2]的准晶组成成分$Al_{70.1}Ni_{24.0}Co_{5.9}$和$Al_{71.5}Ni1_{5.0}Co_{13.5}$分别在D=bNi、S1=bCo型的范围内,经600~900℃温度处理后,都没有发生相子应变。$Al_{72.5}Ni_{19.0}Co_{18.5}$ 和 $Al_{72.7}Ni_{18.0}Co_{19.3}$ 在 $5f_{HT}$、5f 型的范围内, 在 800～900℃温度处理后, 都发生线性相子应变, 而在 700～750℃温度处理后, 都发生随机相子应变。由此可见, 准晶成分、热处理温度能够引起准晶发生相子应变, 从而使准晶结构发生变化。

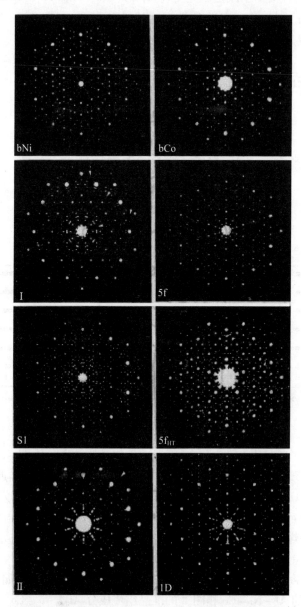

图 6-21 不同结构的 Al-Ni-Co D 相准晶的衍射图

表6-4 Al-Ni-Co准晶的组成成分、处理温度及其相子应变

组成成分范围		温度/℃	相位子应变
(a) D = bNi	母相 $Al_{70.1}Ni_{24.0}Co_{5.9}$	900	—
	$Al_{70.1}Ni_{24.0}Co_{5.9}$	800	—
	$Al_{70.1}Ni_{24.0}Co_{5.9}$	700	—
	$Al_{70.1}Ni_{24.0}Co_{5.9}$	600	—
(b) $5f_{HT}$	母相 $Al_{72.5}Ni_{19.0}Co_{18.5}$	900	线性相子应变
	$Al_{72.5}Ni_{19.0}Co_{18.5}$	850	线性相子应变
	$Al_{72.5}Ni_{19.0}Co_{18.5}$	700	随机相子应变
(c) S_1 = bCo	母相 $Al_{71.5}Ni_{15.0}Co_{13.5}$	900	—
	$Al_{71.5}Ni_{15.0}Co_{13.5}$	850	—
	$Al_{71.5}Ni_{15.0}Co_{13.5}$	800	—
	$Al_{71.5}Ni_{15.0}Co_{13.5}$	750	—
	$Al_{71.5}Ni_{15.0}Co_{13.5}$	700	—
(d) 5f	母相 $Al_{72.7}Ni_{18.0}Co_{19.3}$	825	线性相子应变
	$Al_{72.7}Ni_{18.0}Co_{19.3}$	900	线性相子应变
	$Al_{72.7}Ni_{18.0}Co_{19.3}$	800	线性相子应变
	$Al_{72.7}Ni_{18.0}Co_{19.3}$	750	随机相子应变

6.4 准晶的二维等高线强度分布

从 $Al_{72.7}Ni_{8.0}Co_{19.3}$ 准晶衍射峰半高宽的变化量可以确定其衍射峰位置发生的偏离量,衍射峰位置发生偏离也就是说衍射峰发生分裂。这个衍射峰发生分裂可用准晶二维等高线强度分布表示,图6-22(a)(b)分别表示 $Al_{72.7}Ni_{8.0}Co_{19.3}$ 准晶的 $H(20000)$ 和 $K(001\bar{1}0)$ 衍射波峰的二维等高线强度分布,由于经1003K热处理后的 $Al_{72.7}Ni_{8.0}Co_{19.3}$ 准晶存在衍射峰的位置偏离,产生线性相子应变。从 $H(20000)$ 和 $K(00 1\bar{1}0)$ 两个波峰进行二维等值线的强度分布图,可明显地观察到其布拉格衍射峰在五个方向发生分裂。另外,将图6-12中的 θ_1 和 θ_2 的数值代入式(6-3)~式(6-10)中,分别计算 $Al_{72.7}Ni_{8.0}Co_{19.3}$ 准晶的 $H(20000)$、$K(001\bar{1}0)$ 波峰五个方向的矢量,并把 $H(20000)$、$K(001\bar{1}0)$ 波峰五个方向的矢量用标注符号分别在图6-22的 $Al_{72.7}Ni_{8.0}Co_{19.3}$ 准晶的 $H(20000)$、$K(001\bar{1}0)$ 二维强度分布图上标注其位置,标注的位置与 $Al_{72.7}Ni_{8.0}Co_{19.3}$ 准晶二维强度分布位置相一致[17]。这证实 $Al_{72.7}Ni_{8.0}Co_{19.3}$ 准晶衍射峰分裂的计算结果与实验测量衍射峰的二维等值线

强度分布结果的一致性。

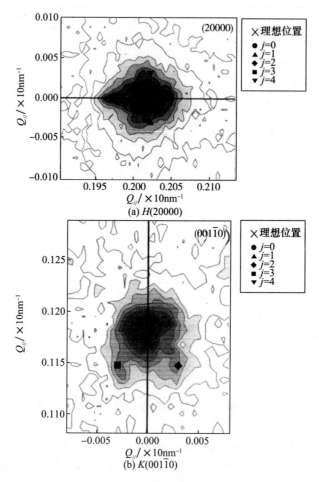

图 6-22 $Al_{72.7}Ni_{8.0}Co_{19.3}$ 准晶衍射峰的二维等值线强度分布

6.5 准晶的点阵常数

1. 近似晶体的点阵常数

经 1003K 温度处理后 $Al_{72.7}Ni_{8.0}Co_{19.3}$ 准晶的点阵常数为 6.105nm，利用这个点阵常数对 $Al_{72.7}Ni_{8.0}Co_{19.3}$ 准晶的衍射波峰标注对应的指数，如表 6-5 所列，$Al_{72.7}Ni_{8.0}Co_{19.3}$ 准晶所有的波峰都有对应的指数(Index)[17]。通过 $Al_{72.7}Ni_{8.0}Co_{19.3}$ 准晶的衍射峰的平行子空间的测量值 $Q_{//obs}$ 和计算值 $Q_{//cal}$，以及衍射峰的垂直子空间的测量值 $Q_{\perp obs}$，计算近似晶体平均点阵常数为 $A_{5D}=6.103$nm。由此可见，

Al$_{72.7}$Ni$_{8.0}$Co$_{19.3}$准晶的点阵常数计算值(6.103nm)与其测量值(6.105nm)比较接近,这说明测量结果与计算结果的一致性,Al$_{72.7}$Ni$_{8.0}$Co$_{19.3}$准晶向近似晶体发生转变。

表6-5 Al$_{72.7}$Ni$_{8.0}$Co$_{19.3}$准晶的近似晶体的点阵常数[17]

序号	指数(H)	$Q_{//}$obs	$Q_{//}$cal	$Q_{\perp}$obs	指数	A_{5D}/nm
1	10000	0.09982	0.1004	0.1004	6	6.0108
2	00$\bar{1}$10	0.16273	0.1625	0.0621	10	6.1451
3	20000	0.20203	0.2009	0.2009	12	5.9397
4	10$\bar{2}$20	0.22253	0.2246	0.2246	14	6.2913
5	10$\bar{1}$10	0.026283	0.02629	0.0384	16	6.0879
6	30000	0.29528	0.3013	0.3013	18	6.0959
7	00$\bar{2}$20	0.32506	0.3250	0.1241	20	6.1527
8	20$\bar{1}$10	0.3622	0.3633	0.1388	22	6.0725
9	$\bar{1}$0$\bar{3}$30	0.39308	0.3870	0.2866	24	6.1056
10	10$\bar{2}$20	0.42564	0.4254	0.0237	26	6.1084
11	30$\bar{1}$10	0.45835	0.4638	0.2392	28	6.1089
12	00$\bar{3}$30	0.48633	0.4875	0.1862	30	6.1687
13	20$\bar{2}$20	0.52556	0.5258	0.0767	32	6.0887
14	10$\bar{3}$30	0.58796	0.5879	0.0858	36	6.1229
15	30$\bar{2}$20	0.62738	0.6262	0.1772	38	6.0569
16	00$\bar{4}$40	0.65530	0.6499	0.2482	40	6.1041
17	20$\bar{3}$30	0.68834	0.6883	0.0147	42	6.1016
18	10$\bar{4}$40	0.75303	0.7504	0.1478	46	6.1087
19	30$\bar{3}$30	0.78862	0.7887	0.1151	48	6.0866
20	20$\bar{4}$40	0.85090	0.8508	0.0474	52	6.1112
21	40$\bar{3}$30	0.89088	0.8892	0.2155	54	6.0614
22	10$\bar{5}$50	0.91141	0.9129	0.2099	56	6.1443
23	30$\bar{4}$40	0.95128	0.9512	0.0530	58	6.0970
24	20$\bar{5}$50	1.01365	1.0133	0.1095	62	61.165

续表

序号	指数(H)	$Q_{//\text{obs}}$	$Q_{//\text{cal}}$	$Q_{\perp\text{obs}}$	指数	a/nm
25	40$\bar{4}$40	1.05181	1.0516	0.1535	64	6.0848
26	30$\bar{5}$50	1.11393	1.1137	0.0090	68	6.1045
27	20$\bar{6}$60	1.17619	1.1758	0.1715	72	6.1215
28	40$\bar{5}$50	1.21392	1.2141	0.0914	74	6.0960
29	30$\bar{6}$60	1.27649	1.2762	0.0711	78	6.1105
30	50$\bar{5}$50	1.31179	1.3145	0.1918	80	6.0985
31	40$\bar{6}$60	1.37691	1.3766	0.0293	84	6.1006
32	40$\bar{7}$70	1.53930	1.5391	0.0327	94	6.1067

2. 热处理对准晶点阵常数的影响

利用急冷法获得柱状 Al–Ni–Co 单晶相的准晶,Al–Ni–Co 准晶的点阵常数随温度升高有减小趋势。从表 6–6 可以看出,$Al_{70.1}Ni_{24}Co_{5.9}$ 准晶在经过 900℃、800℃、700℃ 及 600℃ 热处理后,准晶点阵常数发生变化,$Al_{70.1}Ni_{24.0}Co_{5.9}$ 随热处理温度降低,准晶的点阵常数值变大,而周期方向点阵常数接近定值 (81.6nm)。$Al_{70.1}Ni_{24.0}Co_{5.9}$ 分别在 700℃ 和 600℃ 热处理后,其存在 S1、TypeI 不同类型的结构,但其准晶点常数值比较接近(700℃:62.483nm;600℃:62.491nm),而 $Al_{70.1}Ni_{24.0}Co_{5.9}$ 分别在 900℃、800℃ 热处理后,存在同类型准晶结构(bNi),其准晶点阵常数值相差比较大(相差值为 0.105nm)(900°:A_{5D} = 62.320nm;800°:A_{5D} = 62.425nm)。S1 = bCo 的 $Al_{71.5}Ni_{15.0}Co_{13.5}$ 准晶分别在温度 900℃、800℃、700℃ 以及 600℃ 进行热处理后,其准晶点阵常数都大于 D = bNi 的 $Al_{70.1}Ni_{24.0}Co_{5.9}$ 的点阵常数。$5f_{HT}$ 的 $Al_{72.5}Ni_{9.0}Co_{18.5}$ 和 $5f$ 的 $Al_{72.7}Ni_{8.0}Co_{19.3}$ 的点阵常数都分别大于 S1 = bCo 的 $Al_{71.5}Ni_{15.0}Co_{13.5}$ 和 bNi 的 $Al_{70.1}Ni_{24.0}Co_{5.9}$ 的点阵常数,且 $5f_{HT}$ 的 $Al_{72.5}Ni_{9.0}Co_{18.5}$ 和 $5f$ 的 $Al_{72.7}Ni_{8.0}Co_{19.3}$ 都发生相子应变,由此可见,增加 Co(或减少 Ni)的含量可增加 Al–Ni–Co 的点阵常数,有利于近似晶体形成,准晶点阵常数的变化反映准晶结构的变化。

表 6–6　Al–Ni–Co 的热处理温度与准晶点阵常数

结构类型	温度/℃	点阵常数/nm
D = bNi		
母相 $Al_{70.1}Ni_{24.0}Co_{5.9}$	900	62.320
$Al_{70.1}Ni_{24.0}Co_{5.9}$	800	62.425
$Al_{70.1}Ni_{24.0}Co_{5.9}$	700	62.483
$Al_{70.1}Ni_{24.0}Co_{5.9}$	600	62.491

续表

结构类型	温度/℃	点阵常数/nm
S1=bCo		
母相 $Al_{71.5}Ni_{15.0}Co_{13.5}$	900	62.770
$Al_{71.5}Ni_{15.0}Co_{13.5}$	850	62.810
$Al_{71.5}Ni_{15.0}Co_{13.5}$	800	62.091
$Al_{71.5}Ni_{15.0}Co_{13.5}$	750	62.108
$Al_{71.5}Ni_{15.0}Co_{13.5}$	700	62.776
$5f_{HT}$		
母相 $Al_{72.5}Ni_{9.0}Co_{18.5}$	900	62.921
$Al_{72.5}Ni_{9.0}Co_{18.5}$	700	62.943
$Al_{72.5}Ni_{9.0}Co_{18.5}$	850	62.956
5f		
母相 $Al_{72.7}Ni_{8.0}Co_{19.3}$	825	62.986
$Al_{72.7}Ni_{8.0}Co_{19.3}$	900	62.899

6.6 准晶的原子簇结构

二维准晶在周期方向上的周期变化也能引起其结构的变化,存在稳定的准晶相。例如 Al-Ni-Co 准晶从周期为 0.4nm 到周期为 0.8nm 有连续变化的结构[18],其中 $Al_{70.1}Ni_{24}Co_{5.9}$ 单晶相的准晶(图 6-21)具有 bNi 型、S1 型、Type1 型连续变化的结构。0.4nm 周期的二维准晶有 Al-Ni-Co、Al-Ni-Cu、Al-Ni-Rh,1.2nm 周期的二维准晶有 Al-Mn[19]、Al-Pb-Mn[20],以及 1.6nm 周期的二维准晶有 Al_3Pb[21],这些二维准晶都存在稳定准晶相。图 6-23 为 Al-Ni-Co D 相的原子簇模型图,Al-Ni-Co 原子以 ABA 形式排列,图 6-23(a)为 Z=0 的 Al-Ni-Co 的 A 层原子排列图,图 6-23(b)为 Z=0.5 的 Al-Ni-Co 的 B 层原子排列图,且 A 层原子旋转 180°后与 B 层的原子位置重合,图 6-23(c)为 Z=0.5 和 Z=0 的 A 层原子与 B 层原子的重合图,其显示出十重轴的准晶结构。在图 6-24 中经 550℃温度处理 $Al_{70}Ni_{15}Co_{15}$ 的 SEM 的 Rhombic Tiling 结构与图 6-25 的 $Al_{70}Ni_{15}Co_{15}$ 的原子簇的结构相对应。利用原子簇模型分析 $Al_{70}Ni_{15}Co_{15}$ 准晶二维准晶分别在 0.4nm、0.8nm、1.2nm、1.6nm 周期的内部结构,其原子簇模型结构分析结果与实验观察结果达到一致性[22]。

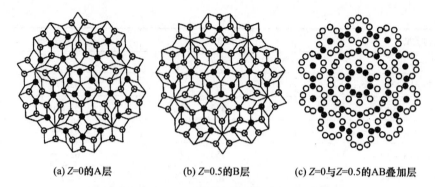

(a) $Z=0$的A层　　　　(b) $Z=0.5$的B层　　　(c) $Z=0$与$Z=0.5$的AB叠加层

图 6-23　为 Al–Ni–Co D 相的原子簇模型[22]

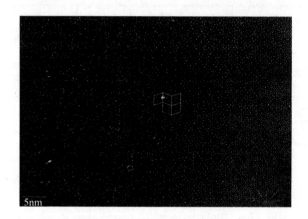

图 6-24　$Al_{70}Ni_{15}Co_{15}$ 的 SEM

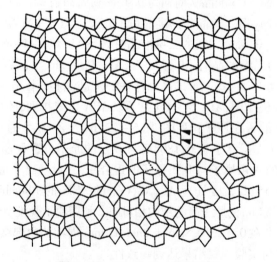

图 6-25　$Al_{70}Ni_{15}Co_{15}$ 的原子簇

在 Al – Ni – Co D 相准晶中,从垂直周期轴入射 X 射线的衍射图像可以观察到 0.4nm(图 6 – 26)和 0.8nm(图 6 – 27)周期的 Al – Ni – Co D 相的结构。根据衍射消光法则,在图 6 – 26(a)中,0.4nm 周期的 Al – Ni – Co D 相准晶衍射斑点(图中箭头方向的明条纹),在图 6 – 27(a)中 0.8nm 周期的 Al – Ni – Co D 相准晶衍射斑点已消失。由此可见,不同周期的 Al – Ni – Co D 相准晶格子排列各不同。同周期的准晶也存在不同类型的结构,在图 6 – 26 中的 Al – Ni – Co D 相的准晶平面,沿着 p 方向入射 X 射线的衍射图像中存在 A、B、E、F 型准晶结构,在图 6 – 27 中的 Al – Ni – Co D 相的准晶平面,沿着 q 方向入射 X 射线的衍射图像中存在 A、B、E、F 型准晶结构(p、q 分别为在准周期面内的格子基本矢量 d 在 $Q_{/\!/}$ 和 $Q_{\perp}$ 上的投影矢量)。从图 6 – 26 和图 6 – 27 的 Al – Ni – Co 准晶不同周期的衍射图中可以发现准周期面上的衍射峰的明暗条纹位置发生变化,这也说明准晶的结构类型发生变化。

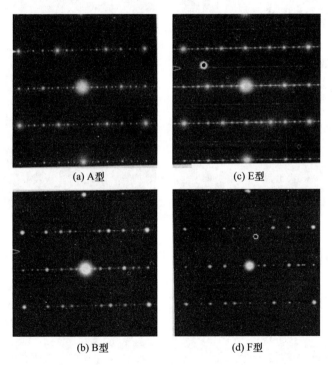

图 6 – 26　从 p 方向 X 射线入射(0.4nm 周期)Al – Ni – Co 的衍射图

从图 6 – 28(a)的沿十重轴入射 X 射线的 A 型结构的 Al – Ni – Co 准晶的高分辨率的透射电镜(High Resolution Transmission Electron Microscopy,HRTEM)和从图 6 – 28(b)高角环形暗场扫描透射电子显微镜(High – Angle Annular Dark

87

Field – Scanning Transmission Electron Microscopy, HAADF – STEM)观察到准晶的准晶格子的排列。在图 6 – 28(b)中由 S、L 间隔构成的十边形排列的准晶结构，图 6 – 28(c)是从图 6 – 28(b)获得的正五边形的边长为 3.2nm 的原子簇的准晶格子排列图。从准晶在周期方向上不同直径的原子簇的截面图(图 6 – 29)可以看出，准晶十边形原子簇的变化引起准晶的结构类型变化。

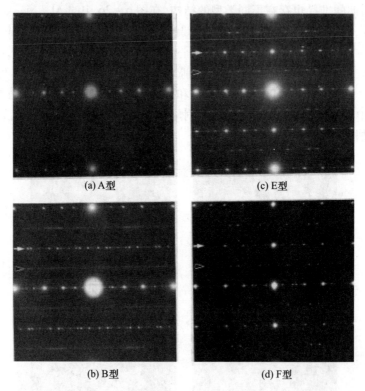

图 6 – 27 从 q 方向 X 射线入射(0.8nm 周期)Al – Ni – Co 的衍射图

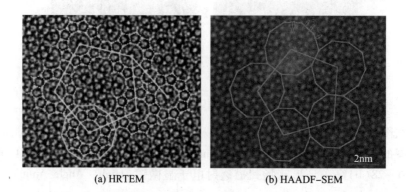

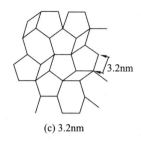

(c) 3.2nm

图6-28 A型结构的Al-Ni-Co准晶的衍射图像

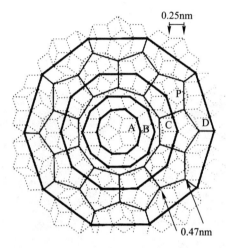

图6-29 不同直径的原子簇的截面图[22]

图6-30为正十边形的准晶原子簇之间的三种结合方式示意图。图6-30(a)为原子簇的线型结合方式的图,图6-30(b)为原子簇的扁菱形结合方式的图,图6-30(c)为原子簇的宽菱形结合方式的图。原子簇之间的结合方式不同形成准晶结构类型也不同。如图6-31(a)(b)(c)(d)分别为B、C、E、F型的Al-Ni-Co准晶HAADF-STEM图像。准晶的衍射图案是由准晶格子构成的,从图6-31(a)与图6-31(b)中可以发现Al-Ni-Co准晶都由五边形的准晶格子两种结合方式构成,而在图6-31(c)与图6-31(d)中Al-Ni-Co准晶都由五边形的准晶格子一种结合方式构成,这也说明Al-Ni-Co准晶格子不同种的结合方式,形成不同类型的Al-Ni-Co准晶结构。

从图6-32可以观察到W-Al-Ni-Co的近似晶体的图像。五边形的W-Al-Ni-Co准晶格子以扁菱形方式结合(图6-32(a)),随着W-Al-Ni-Co准晶Co量的增加,五边形的准晶格子以扁菱形结合出现的频率增多,最终只存在五边形的准晶格子的扁菱形结合(图 6-32(b)),形成周期的排列顺序的 W-Al-Ni-Co 近似晶体。准晶格子排列顺序发生微小变化,会使准晶向近似晶体转化。

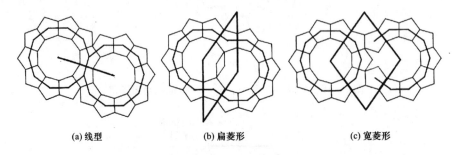

(a) 线型　　　　　(b) 扁菱形　　　　　(c) 宽菱形

图 6-30　正十边形的原子簇的三种结合方式

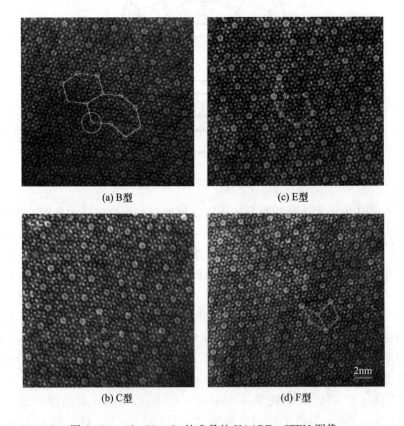

(a) B型　　　　　　　　　(c) E型

(b) C型　　　　　　　　　(d) F型

图 6-31　Al-Ni-Co 的准晶的 HAADF-STEM 图像

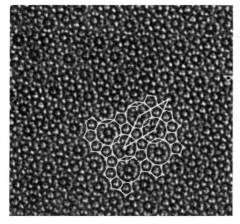
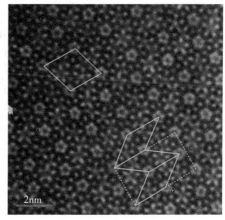

(a) HRTEM　　　　　　　　　　(b) HAADF–STEM

图 6 – 32　W – Al – Ni – Co 的近似晶体图像[22]

正十边形的准晶原子簇的排列发生微小变化，也会使其周期发生变化。如图 6 – 33 所示，0.8nm 周期 2nm 正十边形原子簇的准晶模型，其结构为 A 层 B 层 A′层的原子排列构成，A 层和 A′层的区别在于五边形中的过渡金属原子的三角排列方向的偏移量不同，若这个偏移量消失，第四层与第二层的原子排列相一致，如图 6 – 34 所示。若五边形中的过渡金属原子是同种过渡金属元素，那么 A 层和 A′层就没有区别。此外也可以认为把 Al 与过渡金属元素混合形成五边形排列结构。这样很容易看出通过过渡金属的排列发生微小的变化，能使 0.8nm 周期 2nm 正十边形原子簇的准晶结构向 0.4nm 周期 2nm 正十边形原子簇的准晶结构转变。

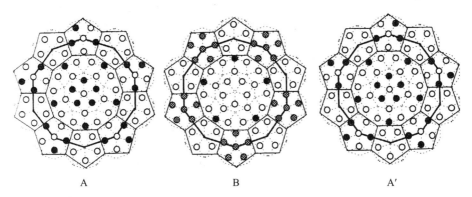

图 6 – 33　0.8nm 周期的正十边形的原子簇的准晶模型[22]

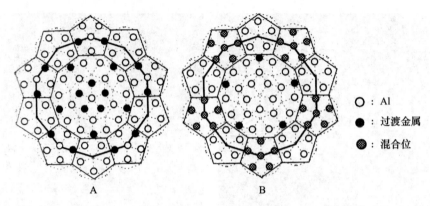

图 6-34 0.4nm 周期 2nm 正十边形原子簇的准晶模型[22]

参 考 文 献

[1] Wang Y, Yamamoto K. X-ray study of phason strains in an AlCuFeMn decagonal phase[J]. Materials transaction, 2017, 58: 847-851.

[2] Ritsch S, Belli C, Nissen H U, et al. The existence regions of structural modifications in decagonal Al-Co-Ni[J]. Philos. Mag. Lett., 1998, 78: 67-75.

[3] Ma X L, Kuo K H. Decagonal quasicrystal and related crystalline phases in slowly solidified Al-Co alloys [J]. Metall. Mater. Trams. A., 1992, 23: 1121-1128.

[4] Ishhimasa T, Nissen H U, Fukano Y. New ordered state between crystslline and amorphous in Ni-Cr particles[J]. Phys. Lett., 1985, 55: 511-513.

[5] Chen H, Li D X, Kuo K H. New type of two-dimensional quasicrystal with twelvefold rotational symmetry[J] Phys. Lett., 1988, 60: 1645-1648.

[6] Krumeich F, Conrad M, Nissen H, et al. The mesoscopic structure of disordered dodecagonal tantalum telluride: A high-resolution transmission electron microscopy study[J]. Philos. Mag. Lett., 1988, 78: 357-367.

[7] Conrad M, Kruneich F, Reich C, et al. Hexagonal approximants of a dodecagonal tantalum telluride - the crystal structure of $Ta_{21}Te_{13}$[J]. Mater. Sci. Eng. A, 2000, 294: 37-40.

[8] Krumeich F, Reich C, Conrad M, et al. Periodic and aperiodic arrangements of dodecagonal $(Ta,V)_{151}Te_{74}$ clusters studied by transmission electron microscopy - the Method's merits and limitations [J]. Mater. Sci. Eng. A, 2000, 294: 152-155.

[9] Reich C, Conrad M, Krumeich F, et al. The dodecagonal quasicrystalline telluride $(Ta,V)_{1.6}Te$ and its crystalline approximant $(Ta,V)_{97}Te_{60}$[J]. Quasicrystals, 1999, 553: 83-94.

[10] Zeng X B, Ungar G, Liu Y S, et al. Supramolecular dendritic liquid quasicrystals[J]. Nature, 2004, 428: 157-160.

[11] Wang N, Chen H, Kuo K H. Two-dimensional quasicrystal with eightfold rotational symmetry [J]. Phys. Rev. Lett., 1987, 59: 1010-1013.

[12] Cao W, Ye H Q, Kuo K H. A new octagonal quasicrystal and related crystalline phases in rapidly solidified

Mn$_4$Si[J]. Phys,Status Solid solidi(a),1988,107:511-519.

[13] Cao W,Ye H Q,Kuo K H. On the microstructure of a rapidly quenched Mn$_4$Si alloy[J]. Z. Kristalogr,1989,189:25-31.

[14] Tsai A P,Sto A,Yamamoto A,et al. Stable one-dimensional quasi crystal in a Al-Cu-Fe-Mn system[J]. Japanese Journal of Applied Physics,1992,31(7B):L970-L973.

[15] Yamamoto K,Wang Y,Nishimura Y,et al. The successive phase transformation in a Co-rich Al-Ni-Co decagonal phase[J]. J. Alloys and Comp. ,2002,342:237-240.

[16] Yang W. Some new stable one-dimensional quasicrystals in an Al$_{65}$Cu$_{20}$Fe$_{10}$Mn$_5$ alloy[J]. J. Philosophical Magazine Letters,1996,74(5):357-366.

[17] Wang Y,Yamamoto K. X-ray study of phason strains in an AlCuFeMn decagonal phase[J]. Materials Transaction,2017. 58:847-851.

[18] Yamamoto K,Wang Y,Nishimura Y,et al. Synchrotron X-ray study of phason and phonon strains in a Co-rich Al-Ni-Co decagonal phase[J]. Mater. Trans. ,2004,45:1255-1260.

[19] Hiraga K,Osuma T,Sun W,et al. Structure of characteristics of Al-Ni-Co decagonal quasicrystals and crystalline approximants[J]. Matter. Trans. ,2001,42:2354-2367.

[20] Bendersky L. Quasicrystal with one-dimentsional translational symmetry and a ten-fold rotational axis[J]. Phys. Rev. Lett. ,1985,55:1461-1463.

[21] Hiraga K,Sun W,Lincoln F J,et al. Formayion of decagonal quasicrystals in the Al-Pb-Mn system and its structure[J]. Jpn. J. Appl. Phys. ,1991,30:2028-2034.

[22] Matsuo Y,Hiraga K. The structure of Al$_3$Pd :close relationship to decagonal quasicrystals [J]. lPhil. Mag. Lett. ,1994. 70:155-161.

[23] 平贺贤二. 准晶的不可思议的结构(日文版)[M]. 东京:アグネ技术中心出版社,2003.

第7章 准晶材料的性能

准晶特殊的原子结构,使其在物理、化学方面有一些特殊的性能,且准晶的物理性能在实际中得到较好应用。首先是将准晶材料应用在材料表面的涂层或薄膜。其次准晶作为复合材料的强化相,可提高材料的硬度等。本章主要介绍准晶的力学性能、表面性能、热学性能、磁学性能、电学性能和光学性能。

7.1 准晶的力学性能

准晶材料的力学性能通常表现出与金属间化合物相似的性能,准晶最主要的力学性能体现为高硬度和较大的脆性。所以,这类准晶材料一般情况下不能直接当作工程材料使用,其主要原因可能是准晶自身特殊的原子排列,使得准晶具有独特的力学性能,例如高温下的超塑性、无形变结构硬化产生、低摩擦系数等。准晶可以填充在高分子聚合物中形成复合材料,以改善聚合物的力学性能。例如,尼龙12是一种的工程塑料,将$Ti_{40.83}Zr_{40.83}Ni_{18.34}$二十面体准晶粉末填充在其中,通过模压成型法形成复合材料。与尼龙12相比,由于填充物的低摩擦系数和高硬度的$Ti_{40.83}Zr_{40.83}Ni_{18.34}$准晶所形成的尼龙12复合材料的磨损体积减小1/2,耐磨性增加,其硬度随着$Ti_{40.83}Zr_{40.83}Ni_{18.34}$准晶填充量的增大而增强。又如,在高密度聚乙烯(HDPE)中填充$Al_{72}Ni_8Co_{20}$准晶粒子,在130℃、735kPa条件下,经过1h模压成型得到接近理论密度的复合材料。当$Al_{72}Ni_8Co_{20}$准晶的填充量为20%时,$Al_{72}Ni_8Co_{20}$/HDPE准晶复合材料的维氏硬度(HV)为120MPa,是HDPE的2倍,这种准晶复合材料的耐磨性明显增强,但其摩擦系数与HDPE的相差不大[1-2]。把准晶材料添加到合金中能提高材料的硬度。图7-1是$Ti_{40}Zr_{40}Ni_{20}$单晶体准晶合金压缩时(应变速率为$3\times10^{-4}s^{-1}$)的真应力-应变曲线图,$Ti_{40}Zr_{40}Ni_{20}$单晶体准晶合金的弹性模量、弹性应变和断裂强度分别为43GPa,1.25%和542Pa,而且具有相对高的室温硬度,是普通Ti合金的1.5倍[3]。ZK60合金是传统的Mg-Zn-Zr合金,将Mg-Zn-Nd球形准晶体加入到ZK60合金中形成复合材料,改善基体的微观结构和力学性能,当Mg-Zn-Nd准晶添加量为4.0%时,ZK60准晶复合材料的抗拉强度、屈服强度分别提高17.8%和24.1%,其力学性能的改变主要归因于准晶粒子在晶界处产生钉扎效应[4](钉扎效应,是指费米能级不随掺杂等变化而发生位置变化的效应)。

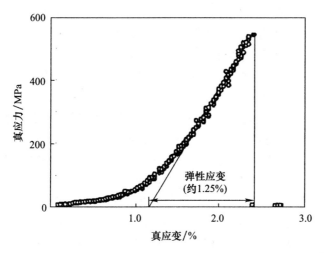

图7-1 $Ti_{40}Zr_{40}Ni_{20}$准晶合金的室温单向压缩真应力-应变曲线[3]

7.2 准晶的表面性能

准晶的摩擦系数十分低,将准晶材料进行反复摩擦后准晶的摩擦系数逐渐降低。准晶具有一定的损伤自动愈合能力,即摩擦过程中刚开始产生的裂痕在后续摩擦中逐渐消失,可见准晶材料的表面性能在此处(裂痕)具有一定的韧性。另外,准晶的表面能比较低,这取决于准晶自身所固有的低表面电子态密度,准晶在费米能级处存在赝能级,并一直保持到外表面。这个准晶材料的低表面能特性可以应用在不粘锅等涂层上。

从准晶的表面等离子体(Surface Plasmon,SP)超表面的近场测量结果可以发现倒易矢量决定准晶的SP的传播模式,这一研究结果可以应用到具有SP的传播模式控制系统的开发,准晶的表面等离子体的激发与操纵对于开发医学诊断、生化光谱和空间光通信等SP设备都起到重要的作用[5]。

7.3 准晶的热学性能

准晶材料具有与晶体材料截然不同的物理性质,对于由金属元素组成的晶体结构的合金来说是不可能的。与传统的金属合金相反,准晶的热导率和扩散系数异常低(具有正温度系数),实际上可以认为准晶材料是绝缘体。随着准晶结构的完善,热导率也会减少。电子运动对热容的贡献很小,因此费米能级上的电子态密度消失。在量子阱中定义的原子簇形成自相似的结构,电子态和振动态可以延伸到这些结构上。根据二十面体结构的膨胀对称性,循环局部化效应可以解释准晶的导电行为和其他特性(高温脆韧转变、耐腐蚀、低摩擦、高硬度)[6]。而准晶与其他材料复合,能够表现出良好的热传导等物理特性。例如,以铝粉(+200目)为基体,采用粉末冶金法制备准晶粒子,准晶粒子(粒度小于或等于30μm)为铝基复合材料增强相。铝基复合材料膨胀系数随着准晶粒子含量的增加而减少,随着准晶粒子尺寸的减少而增加[7]。

在添加 $Al_{73}Cu_{11}Cr_{16}$ 准晶粉末、聚四氟乙烯、合成石墨和炭黑的氟化乙丙烯基复合材料中,如图7-2所示,含有15%(质量分数)合成石墨可使热导率提高2.5倍,而含有5%(质量分数)$Al_{73}Cu_{11}Cr_{16}$准晶和2%(质量分数)聚四氟乙烯的耐磨性提高50倍,摩擦系数降低1.5倍。由此可见,添加 $Al_{73}Cu_{11}Cr_{16}$ 准晶可改变氟化乙丙烯基复合材料的物理性质,使氟化乙丙烯基复合材料的耐磨性等得到提高[8]。

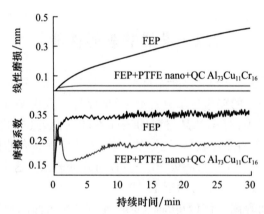

图7-2 添加 $Al_{73}Cu_{11}Cr_{16}$ 准晶粉末、聚四氟乙烯、合成石墨和炭黑的氟化乙丙烯基复合材料的线性磨损和摩擦系数的变化[8]

7.4 准晶的磁学性能

一部分准晶具有磁性,从图7-3观察到 $Al_{73.0}Ni_{6.5}Co_{20.5}$ 准晶的磁矩随磁场增加而增加。具有极性的 $Al_{73.0}Ni_{6.5}Co_{20.5}$ 准晶粒子在磁场的作用下发生偏转而产生磁矩,$Al_{73.0}Ni_{6.5}Co_{20.5}$准晶的磁矩随热处理温度的升高而增大。目前所发现的各种准晶当中,只有10%的准晶具有磁性,利用$Al_{73.0}Ni_{6.5}Co_{20.5}$的磁性,可提高准晶超导材料的温度。环境测试温度对$Al_{73.0}Ni_{6.5}Co_{20.5}$准晶磁矩有影响,从图7-4中经900K热处理的$Al_{73.0}Ni_{6.5}Co_{20.5}$准晶,随环境测试温度的升高准晶磁矩衰减较快,经700K温度处理的准晶的磁矩衰减次之,而经500K热处理的准晶的磁矩衰减较缓。这说明准晶磁矩随测试环境温度升高而降低。

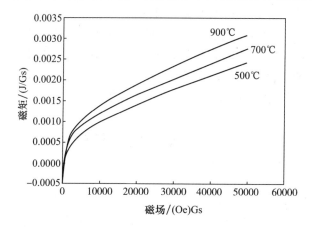

图7-3 不同温度热处理的$Al_{73.0}Ni_{6.5}Co_{20.5}$准晶的磁矩

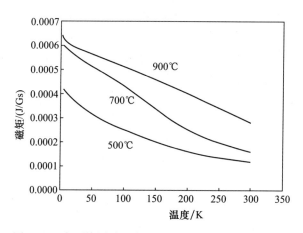

图7-4 在环境测试温度下$Al_{73.0}Ni_{6.5}Co_{20.5}$准晶的磁矩

二维准晶(十面体准晶)在周期、准周期方向的磁性不同,这样可以获得单轴异性磁性材料。而三维准晶(二十面体准晶)具有多种准晶旋转轴,易磁化,由于准晶各向异性能量势垒低,也容易发生磁场矢量变化,使其成为特殊磁性材料。通过热处理等可使二维准晶、三维准晶的磁性能发生改变。准晶粒子的磁场的作用反映准晶磁性性能的两个方面,即洛仑兹力与磁矩。前者表现为宏观系统中霍尔效应(Hall effect,指当固体导体放置在一个磁场内,且有电流通过时,导体内的电荷载子受到洛伦兹力而偏向一边,继而产生电压(霍尔电压)的现象。电压所引致的电场力会平衡洛伦兹力)与磁阻;后者表现为宏观系统有不同的磁性。从实验结果,二十面体准晶 Al - Cu - Fe 的 Hall 系数(又称霍尔效应)为负,但其绝对值比金属的大两个数量级,并随温度的升高而改变磁矩方向[9]。对高电阻的准晶的磁阻,当温度处于低温时,准晶磁致电阻情况较复杂,如 I - $Al_{65}Cu_{20}Fe_{15}$ 的磁阻在温度小于 100K 时为正,且随外磁场增加而增加;在温度大于 100K 时,其磁阻将随外磁场的增加而减少。科勒(Kohler)定律表明在相同的磁场作用下,低温的磁致电阻会比高温的大,显然科勒定律已不适用准晶,可用量子干涉解释准晶磁阻的异常现象。

7.5 准晶的电学性能

1. 电阻

通常晶体的电阻率最高只有数十微欧·厘米,非晶体合金的电阻率最高也只有几百微欧·厘米,而准晶的电阻率却非常高,例如在液氦下,Al - Cu - Li、Al - Cu - Ru、Al - Cu - Fe 系准晶的电阻率分别为 900μΩ·cm、1000～3000μΩ·cm 和 1300～11000μΩ·cm[10],而 Al - Pd - Re 系准晶的电阻率更高,达到 1Ω·cm 以上[11]。准晶的电阻率因其结构的完整性而变化,准晶结构越完整电阻率越高,由此可以充分说明高电阻率是准晶特有的物理特性。准晶具有负的电阻率温度系数,随着温度的升高而降低。例如准晶合金在 I 相熔化前具有负的电阻率温度系数。此外,二维准晶准周期方向的电导率与其周期方向的电导率相差比较大,如在 Al - Cu - Co 的 D 相准晶在温度为 100K 时,其准周期平面的电导率,比其周期方向的小一个数量级,在温度为 1K 时准晶准周期平面的电导率比其周期方向的小到两个数量级。准晶热电现象中的异常与准晶独特的能带结构有关[12]。

与金属的导电性能相比,准晶一般具有比较大的电阻,如在温度为 4K 时,二十面体准晶 $Al_{64}Cu_{23}Fe_{13}$ 的电阻率 $\rho(4K) = 3950\mu\Omega \cdot cm$[13],在室温条件下,I - Al - Cu - Ru 的电阻率 $\rho(室温) = 49000\mu\Omega \cdot cm$[14]。准晶的电阻还与其组分浓度有关,含有 I - Mg_3YZn_6 准晶相的 Mg - 0.6% Zr 合金在一定程度上降低合金的阻尼性能,且随着准晶含量增加,其阻尼降低幅度增大。如图 7 - 5 所示,在 Mg - 0.6% Zr 合金的阻尼温度谱中出现两个阻尼峰,在低温的阻尼峰是与位错相关的阻尼峰,在高温的阻尼峰属于晶界阻尼峰。含有准晶相的 Mg - Zn - Y - 0.6% Zr 的阻尼峰明显减少,且其阻尼峰都低于不含准晶相的 Mg - 0.6% Zr

合金的阻尼峰,这也说明准晶相的存在有利于降低由位错引起的阻尼峰。

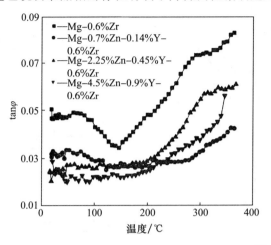

图7-5　Mg-Zn-Y-0.6%Zr合金的阻尼温度谱[15]

2. 电容

图7-6为$Ti_{45}Zr_{38}Ni_{17}Cu_3$的I相准晶作为镍氢电池负极时放电容量随温度变化曲线图,从图中观察到$Ti_{45}Zr_{38}Ni_{17}Cu_3$准晶随温度升高最大放电容量增大,在303~343K温度范围内,$Ti_{45}Zr_{38}Ni_{17}Cu_3$准晶的最大放电容量从76mA·h/g增加到312mA·h/g,而非晶的最大放电容量从86mA·h/g增加到330mA·h/g[16]。

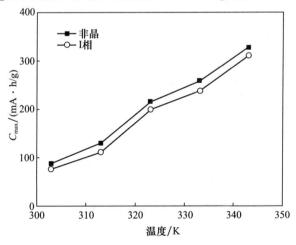

图7-6　$Ti_{45}Zr_{38}Ni_{17}Cu_3$准晶随温度变化的最大放电容量[16]

从图7-7$Ti_{45}Zr_{38}Ni_{17}Cu_3$准晶电极不同循环次数的充电曲线可以看出,随循环次数增加,电极的充电电位升高,但充电效率降低,最后达到电极充电饱和状态。

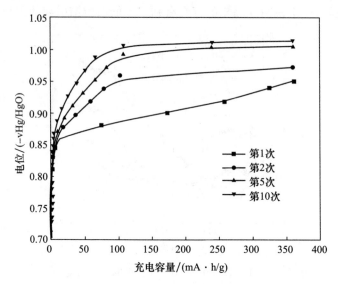

图 7-7　$Ti_{45}Zr_{38}Ni_{17}Cu_3$ 准晶电极不同循环周数的充放电曲线[16]

7.6　准晶的光学性能

由于准晶的长程有序性,在光学领域准晶体位于周期结构和无序结构之间的结构,但准晶仍然显示出尖锐的衍射峰,这证实准晶存在波干涉[17]。一维、二维和三维光子准晶在光的传输中,其反射率、光致发光、光传输、等离子体和激发作用等会受准晶结构的影响。准晶具有准周期性,与晶体有不同的光学特性。准晶准周期的光子晶体具有产生完全带隙、折射率阈值低、光子带隙与入射方向无关、产生局域态无需缺陷等性能,优于周期光子晶体的性能。例如,双芯结构的光子准晶体光纤,由准周期排列引起的类圆形外芯产生一种色散特性,这种特性不同于双芯光子晶体光纤。双芯光子晶体光纤的负色散绝对值随最近孔距离的增大而增大,而双芯光子准晶光纤的负色散绝对值则随最近孔距离的增大而减小。这种色散特性可用于减小补偿色散光纤与传统单模光纤之间的耦合损耗[18]。此外,准晶的反射光谱也有其优异的特性,例如Ⅰ相的 Al - Cu - Fe 薄膜具有特定反射光谱,能够吸收 420~450nm 的波长,其吸收率为 99%。由此可见准晶的光学特性,有利于光学仪器、光纤光缆、太阳能等方面开发和利用。准晶本身不具有光的选择吸收性,但其薄膜与高反射材料组成的多层结构,如铜/绝缘体/准晶/绝缘体具有对光的选择吸收性,也具有高的热吸收率和低的热发射率。

参 考 文 献

[1] Kothalkar A, Sharma A S, Biswas K, et al. Novel HDPE – quasicrystal composite fabricated for wear resistance [J]. Philosophical Magazine, 2011, 91(19 – 21):2944 – 2953.

[2] Kothalkar A, Sharma A S, Tripathi G, et al. HDPE – quasicrystal composite: Fabrication and wear resistance [J]. Trans. Indian Inst. Met., 2012, 65(1):13 – 20.

[3] 羌建兵, 于志伟, 黄火根. Ti – Zr – Ni 单相准晶合金的室温力学性能研究[J]. 物理学报, 2005, 54(4):1909 – 1913.

[4] Zhang J, Wang X, Zhang Z, et al. Effect of Mg – Zn – Nd spherical quasicrystals on microstructure and mechanical properties of ZK60 alloy[J]. Research & Development, 2011, 8(3):305 – 312.

[5] Yang Q L, Zhang X Q, Li A X, et al. Near – field surface plasmons on quasicrystal metasurfaces[J]. Scientific Reports, 2016, 6(26):1038(1 – 9).

[6] Archambault P, Janot C. Thermal conductivity of quasicrystals and associated processes[J]. MRS Bulletin, 1997, 22:48 – 53.

[7] 朱满, 坚增运, 常芳娥, 等. 准晶增强铝基复合材料的微观组织及热膨胀行为[J]. 材料热处理技术, 2011, 40(22):80 – 83.

[8] Olifirov L K, Atepashkin A A, Sherif G, et al. Tribological, mechanical and thermal properties of fluorinated ethylene propylene filled with Al – Cu – Cr quasicrystals, polytetrafluoroethylene, synthetic graphite and carbon black[J]. Polymers, 2011, 3(5):781 – 798.

[9] Stadnik Z M(Ed). Physical properties of quasicrystals[M]. Berlin: Springer, 1999.

[10] 张利明, 董闯. 准晶材料性能及应用研究现状[J]. 材料导报, 2000, 1:22 – 24.

[11] 一凡. 准晶体的结构与物理性质[J]. 电子材料快报, 1998, 11:10 – 11.

[12] 康光明. 准晶材料的研究现状[J]. 有色金属与稀土应用, 2000(3):7 – 11.

[13] Dolinšek J, Vrtnik S, Klanjšek M. Intrinsic electrical, magnetic, and thermal properties of single – crystalline $Al_{64}Cu_{23}Fe_{13}$ icosahedral quasicrystal: Experiment and modeling[J]. Phys. Rev. B, 2007, 76(5):1 – 9.

[14] Rosenbaum R, Mi S B, Grushko B. Low temperature electronic transport in Al – Cu – Ru quasicrystalline alloys[J]. Journal of Low Temperature Physics, 2007, 149(5):314 – 329.

[15] 马戎, 董选普, 陈树群, 等. 准晶增强 Mg – 0.6% 合金的力学与阻尼性能[J]. 中国有色金属学报, 2012, 22:2705 – 2712.

[16] 任敬川, 张明军, 刘万强. $Ti_{45}Zr_{38}Ni_{17}Cu_3$ 准晶电极化学性能[J]. 科技风, 2012, 13:48 – 52.

[17] Vardeny Z V, Nahata A, Agrawal A. Optics of photonic quasicrystals[J]. Nature Photonics, 2013, 7:177 – 187.

[18] Kim S, Kee C S. Dispersion properties of dual – core photonic – quasicrystal fiber[J]. Optics Express, 2009, 17(18):15885 – 15890.

第8章 准晶材料的应用

8.1 储氢的准晶材料

储氢材料(Hydrogen Storage Material)是一类能可逆地吸收和释放氢气的材料。非晶、准晶、晶体都具有储氢性能。同种合金材料在不同的晶态下具有不同的储氢性能。非晶合金机械合金化过程中要注意气体保护,否则难以形成非晶合金。通过机械合金化获得非平衡态合金,对非平衡态合金进行不同温度热处理获得准晶、晶体。例如,$Ti_{42.5}Zr_{42.5}Ni_{15.0}$非晶合金在803K温度处理2h后,其合金基体中出现以准晶为主的准晶和晶体混合物,经1023K温度处理2h后,合金基体中只有晶体存在。对$Ti_{42.5}Zr_{42.5}Ni_{15.0}$不同晶态的合金进行电化学储氢特性测量,其结果表明$Ti_{42.5}Zr_{42.5}Ni_{15.0}$的三种状态(非晶、准晶和晶体)的电化学储氢均存在一个活化过程,非晶态的容量最高,准晶态的容量次之,晶体态的容量最低[1]。由此可见,$Ti_{42.5}Zr_{42.5}Ni_{15.0}$准晶态的储氢容量介于晶体和非晶体态之间。

利用铜模吸铸快冷工艺制备直径为3mm的$Ti_{38}Zr_{45}Ni_{17}$合金棒,其吸放氢测试结果表明,$Ti_{38}Zr_{45}Ni_{17}$准晶在303K时吸氢量为0.90%(质量分数)。在573K时吸氢量可达2.38%(质量分数)。$Ti_{38}Zr_{45}Ni_{17}$吸氢过程快速完成,并放出大量的热,可将吸氢前$Ti_{38}Zr_{45}Ni_{17}$的粉末烧结成块体凝聚物。$Ti_{38}Zr_{45}Ni_{17}$吸氢后准晶结构消失,完全转化为氢化物。在$Ti_{38}Zr_{45}Ni_{17}$准晶添加5%~30%(原子分数)的V进行合金化处理,在573K时V-($Ti_{38}Zr_{45}Ni_{17}$)吸氢量为2.96%(质量分数);具有固溶体结构的$(Ti_{38}Zr_{45}Ni_{17})_{40}V_{60}$合金在室温下吸氢量为3.20%(质量分数)[2]。

具有四面体结构的Laves相的材料是良好的储氢材料。而二十面体准晶恰好拥有大量的四面体配位结构,在理论分析上二十面体准晶具有储氢能力。Krlton等通过实验证实Ti系的二十面体准晶相(I-$Ti_{45}Nt_{17}Zr_{38}$)具有储氢性能,其中每个金属原子可达到吸收两个氢原子的水平。金属材料的储氢性能主要与氢原子和金属原子之间的化学亲和力,以及金属原子间的晶格空隙的类型、尺寸和数量有关。通常储氢的晶格空隙有八面体和四面体两种结构。Ti基二十面体准晶中包含大量的四面体的晶格空隙,准晶中的金属原子和氢原子之间具有一定的化学亲和力,因此氢(或其同位素氘)可以进入准晶的四面体晶格空隙中,这类准晶具有良好的储氢性能[3]。由于 Ti 和 Zr 对氢具有较强的亲和力,Ti-Zr 系准晶成为首选的气态储氢材料。例如,$Ti_{40}Zr_{40}Ni_{20}$ 准晶能够以 11.5mmol/g 的浓度快速吸收氘,吸收达到饱和,并没有改变准晶相,但较强的晶格应力导致晶格膨胀 6.28%。以 $Ti_{40}Zr_{40}Ni_{20}$ 准晶的 XPS 实验结果显示 Ti 和 Zr 的结合能显著增大,这表明氘元素与 $Ti_{40}Zr_{40}Ni_{20}$ 准晶结合,存在于 Ti 和 Zr 附近[4]。对比 $Ti_{53}Zr_{27}Ni_{20}$ 准晶和 $Ti_{50}Ni_{50}$ 形状记忆合金的气态储氢性能,发现两者氢气吸收容量分别占总质量的 3.2% 和 2.4%,在 750K 温度下开始放氢。氢化后的 $Ti_{53}Zr_{27}Ni_{20}$ 准晶结构转变为非晶结构,氢化后的 $Ti_{50}Ni_{50}$ 晶体结构保持不变[5]。Ni 对 H 的亲和力较低,对氢分子解离,具有催化效应。$Ti_{45}Zr_{38}Ni_{17}$ 准晶在最大吸氢量时,氢原子与金属原子比值约等于 2,这明显高于普通金属间化合物储氢材料的氢原子与金属原子的比值,但准晶平台压力低,氢很难放出。为了改善准晶的气态放氢性能,Takasaki 等采用机械合金化及热处理的方法制备 $Ti_{45}Zr_{38}Ni_{17}$ 准晶粉末。把 $Ti_{45}Zr_{38}Ni_{17}$ 准晶中的部分 Ni 用 Co 替代后并不影响其储氢性能,当 $Ti_{45}Zr_{38}Ni_{17}$ 准晶的吸收氢气达到最大浓度时,H 原子和金属原子比值为 1.5[6]。这可能是由于准晶中含有少量的 Ti_2Ni 型晶体相的原因,造成 H 原子和金属原子比值降低。同时,在充放氢过程中,准晶相不稳定。Majzoub 等采用电化学方法氢化 $Ti_{45}Zr_{38}Ni_{17}$ 准晶,在其储氢量最大时,氢原子与金属原子比值为 1.9,并且在充氢过程中无晶体相生成。由此可见,在准晶在储氢过程中,H 原子和金属原子比值为 2 时,准晶相比较稳定,没有其他晶体相生成。

8.2 准晶的复合材料

在铝合金、镁合金和聚合物中加入准晶,可以提高准晶复合材料抗拉强度、屈服强度、延展性和耐磨性等力学性能。以 Al 和 Al-5.5%Zn 为基体,D 相的 $Al_{72}Ni_{12}Co_{16}$ 准晶为增强粒子,在铝基准晶复合材料制备过程中,发生相的转变,形成新的晶相,这有助于提高复合材料的抗拉强度和弹性模量[7]。Al_2Cu_2Fe 准晶与 Al 基复合,作为轻质材料,适于中温、高强度、高韧性结构材料。准晶弥散强化的低碳马氏体超高强度钢(硬度 730HV)的抗拉强度接近 3000MPa[8],这种材料可用作医疗器械材料。Inoue 等[9]研究纳米尺度的 Al_2Mn_2La、Al_2CrLa 准晶增强 Al 基合金强度,其弯曲强度达到 1200~1400MPa。二十面体相(I 相)是镁合金中相对优异的强化相,图 8-1(a)为 I 相 Mg-Zn-Y-Zr 准晶的 TEM 图,图 8-1(b)(c)分别为按体积分数的 Mg-Zn-Y-Zr 准晶在 A 方向和 B 方向的成分分布图[10],Mg-Zn-Y-Zr 合金的屈服强度在室温条件下从 150MPa 达到

450MPa。由 I 相所形成高强度轻质镁合金的材料有利于汽车行业、航空航天等材料的应用[11]。

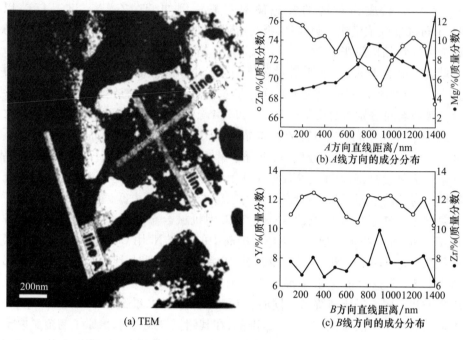

图 8-1 Mg-Zn-Y-Zr 的 I 相的 TEM 及其成分分布[10]

8.3 准晶的热障涂层

最早被利用的准晶性能是准晶膜(喷涂方法制备准晶膜)的不黏性,例如 Al-Pd-Mn 单晶准晶的不黏性,接近最好的材料聚四氟乙烯的不黏性。这实际上是一个润湿性的问题。传统的润湿理论是热力学的一个分支,与表面能有关。由于准晶膜的晶粒尺寸远远小于液体晶粒尺寸的持续长度,准晶的不黏性必然与准晶本身的低表面能有关[12]。准晶的低表面能主要有三个来源:

(1)电子结构。准晶的最外层电子没有重构现象,准晶以伪能隙为特征的独特电子结构一直保持到外表面,准晶表面的自由能因此很低。

(2)热力学因素。准晶具有一定的表面粗糙度,形成凹凸不平的外表曲面,有利于减少准晶的表面能。

(3)准晶的曲面牵制润湿表面的液体粒子的运动。准晶在费米能级处的电子密度低,造成其表面能低,如 Al_2Cu_2Fe 准晶薄膜具有不黏性,加入 Cr 能降低薄膜的表面能,除不黏性外,还有耐腐、耐高温(750℃)、高硬度、耐磨性等。Al是比较活泼元素极易发生氧化,但相同条件下 Al 基准晶的氧化性明显低于其铝合金相近成分的晶体的氧化性。

另外,通过表观接触角也可以反映准晶涂层的不黏性。在 Al-Cu-Cr 准晶涂层表面通入冷、热蒸馏水的实测表观接触角比 FeAl 晶体涂层表面上的接触角大,这说明冷、热蒸馏水对准晶涂层的润湿程度小于对 FeAl 晶体涂层的[13],根据 Wenze 的方程式,计算粗糙度:

$$\cos\theta^* = r\cos\theta \qquad (8-1)$$

式中:θ^* 为表观(粗糙面)接触角;θ 为杨氏接触角(在理想光滑表面上);r 为粗糙度比(对于理想光滑表面为 1.0)。

当表面接触角小于 90°时,粗糙度与接触角成反比。但当接触角大于 90°时,粗糙度与接触角成正比。因此,粗糙度的增加会降低亲水表面上测量的接触角,但增加疏水表面上测量的接触角,粗糙度的增加会放大亲水性和疏水性。Al-Cu-Cr 准晶涂层和 FeAl 涂层对蒸馏水(水滴)的接触角 θ^* 都随表面粗糙度的增加而减小。而 Al-Cu-Cr 准晶涂层的表面粗糙度 r 比 FeAl 涂层的表面粗糙度高,Al-Cu-Cr 准晶 r 值几乎是 FeAl 涂层的 2 倍,而对蒸馏水(水滴)的接触角反而更大(即润湿性反而更弱),这正好反映出准晶具有区别于普通金属材料的特殊表面性能。当水滴悬浮在 Al-Cu-Cr 准晶粗糙处时,基底面的空隙中有空气,产生卡西米尔效应(Casimir Effect)(真空能量的变化产生很小的吸引力)。在卡西米尔状态下增加基底面的吸引,增加在粗糙表面的疏水性,甚至使其表面超疏水,这就达到 Al-Cu-Cr 准晶的不黏性。准晶的不黏性有利于防黏材料涂层的应用。

8.3.1 准晶薄膜的分类

在准晶表面一些限定的元素沿着准晶排列外延生长形成准晶薄膜。如表 8-1 所列,准晶薄膜有三种类型:准晶单层薄膜(Quasicrystalline Monolayer Films,QC ML)、Fibonacci 准晶多层薄膜(Fibonacci Modulated Films,Fibonacci MML)以及三维准晶薄膜(Three-Dimensional Quasicrystalline Films,3D QC)。在准晶单层膜中,吸附质的准晶排列秩序被限制单原子层[14-17],从弹性氦原子散射(HAS)和低能电子衍射的(LEED)的图像观察到 Bi 和 Sb 分别沉积在五重轴(I 相)Al-Pb-Mn 表面和十重轴(D 相)Al-Ni-Co 表面上,Bi 和 Sb 的沉积层各形成一个准晶单层膜,准晶单层膜是在高温条件下原子生长形成准晶原子层[14]。Bi 原子沉积形成单层准晶膜后,会出现具有特定高度的周期性 land 的量子尺寸效应[18]。这些 land 沿着基底方向以一定高度对称排列,形成五重轴和十重轴的孪生结构[19-20]。这些 land 是否形成近似立方体或近似六边形主要取决 Bi 原子沉积速率以及覆盖率。

表 8-1 准晶薄膜种类及其测试方法

结构	吸附	基底	测试方式
QC ML	Bi	5f-i-Al-Pd-Mn	LEED、HAS[14]
			ab initio[27]、STM[17]
		10f-d-Al-Ni-Co	LEED、HAS[14]、STM[28]
	Sb	5f i-Al-Pd-Mn	LEED、HAS[14]
		10f d-Al-Ni-Co	LEED、HAS[14]
	Pb	5f i-Al-Pd-Mn	LEED、STM[16]
	Sn	5f i-Al-Cu-Fe	STM[15]
	Ag	5f i-Al-Pd-Mn	STM[29]
Fibonacci MML	Cu	5f i-Al-Pd-Mn	STM、LEED、MEIS[21]、[30]、[31]
	Co	5f i-Al-Pd-Mn	STM、LEED[22]
		10f d-Al-Ni-Co	STM、LEED[22]
3D QC	Pb	5f i-Ag-In-Yb	STM、XPS 和 DFT[24]
	Bi	5f i-Ag-In-Yb	STM[32]

在 Fibonacci 准晶多层薄膜中,被吸附原子在 Fibonacci 多层薄膜中,产生原子排列间隔,在 Fibonacci 序列中覆盖几个原子层[21-22],而且无法观测到较低的覆盖层的原子排列,产生原子排列的间隔是具有周期性的,如 Cu/(I 相)Al-Pd-Mn 以体心四方 Cu 的邻近表面作为 Fibonacci 多层薄膜[23]。

在三维准晶薄膜中,被吸附原子占据大量原子簇缺陷中的原子空穴的位置,从而形成三维准晶薄膜[24],在基底的亚层以五重轴对称的原子结构覆盖,例如以 Al 为"海星"(五重轴对称)在(I 相)Al-Pd-Mn 中存在[25]、以 Si 在 Al-Pd-Mn 准晶基底中存在[26]。在超过亚层覆盖情况下,不能按照准晶体结构生长。

Bi 原子生长在五重轴 I 相 Ag-In-Yb 准晶表面上,Bi 不局限在单层生长形成的准晶薄膜,Bi 原子还占据原子簇间隔的大量的空穴位置。由于 Bi 与 Bi 的原子间距大,Bi 原子之间不能相互作用,但 Bi 原子可与其他原子层相连,有利于准晶膜的稳定性[32]。利用这一准晶薄膜生长特点,可以增强材料的韧性等物理特性。

8.3.2 准晶薄膜的制备方法

制备金属氧化物薄膜有很多方法,准晶薄膜也可以利用这些方法制备,但在退火温度上有一定要求。从图8-2 BaTiO₃准晶的 SEM 图像中观察到 BaTiO₃准晶具有十二面旋转对称的准晶结构,在室温条件下采用磁控溅射法在Pt(111)上沉积 BaTiO₃薄膜。BaTiO₃在超高压、氧气环境中进行退火,BaTiO₃薄膜长程有序地生长。其中 BaTiO₃准晶层是在1250K加热后形成的,其厚度为14nm。类似准周期的准晶薄膜通过磁控溅射方法在850K退火条件下,形成准晶薄膜,也可以通过高温溅射和分子束外延(MBE)方法制备薄膜,在退火温度为1070K条件下,形成准晶薄膜[33]。

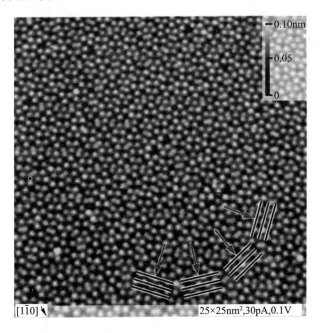

图8-2 十二面旋转对称的 BaTiO₃准晶的 SEM[33]

在 Si 基板生长 SiO_2 和 Al_2O_3,再依次溅射 Al、Cu、Fe 薄膜,如图8-3(a)所示,形成 $Si/SiO_2/Al_2O_3/Al/Cu/Fe/SiO_2$ 多层薄膜。通过同步 X 射线衍射光谱和 X 射线吸收光谱(XAS)观察到不同温度处理的 Al-Cu-Fe 多层薄膜的相位变化过程(图8-3(b))。Al-Cu-Fe 多层薄膜的 XAS 的实验结果表明,要达到准晶形成阶段,需要将 Al-Cu-Fe 系统加热到液态,使 Cu 在高温下重新定位。从扩展 X 射线吸收精细结构(Extended X-ray Absorption Fine Structure,EXAFS)和 X 射线吸收近边结构(X-ray Absorption Near Edge Structure,XANES)的测量结果发现:Al-Cu-Fe 多层薄膜在加热到700℃,Cu 和 Fe 的边缘峰的原子间距变化很小;而加热到700~800℃时,Cu 与 Cu 的原子间距急剧加大急剧增加;当达到800℃时,急冷到室温,Fe 与 Fe 的原子间距也变小,通过改变原子间距、配位数和原子数目形成准晶相。由此可见,通过对复合材料结构的控制,能够合成在工业上应用的多层膜准晶材料[34]。

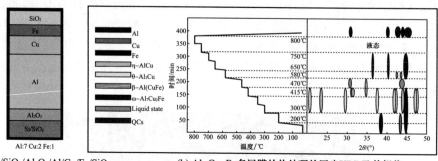

(a) Si/SiO$_2$/Al$_2$O$_3$/Al/Cu/Fe/SiO$_2$ 多层膜结构

(b) Al-Cu-Fe多层膜的热处理的同步XRD及其相位

图8-3 Al-Cu-Fe多层薄膜的温度变化引起的相变[34](见彩图)

8.4 软物质准晶材料

在许多软物质系统中有准晶序列[35],如胶束[36-37]、酯类[38-39],以及聚合物[40]等。从广泛的软物质大分子胶束中形成准晶体[41-43]中观察到它们是由一种通用的机制组装的,而不是依赖于系统的特定化学反应生成的。事实上已经证明,胶束(胶束(Micelle)指在水溶液中,表面活性剂浓度达到一定值后形成大量的分子有序聚集体)中存在着准晶序列[44]。如图8-4所示[45],十、十二、十八和二十四次对称轴的准晶格子以等边三角形和等腰三角形的方式排列,且角与角相连接,边与边相连接,构成准晶的基本单元原子簇。如图8-4(a)所示,LD10、LD12分别代表十、十二次对称轴的准晶的低密度拼图类型,HD18、HD12分别代表十八、十二次对称轴的准晶的高密度拼图类型,其拼图是由图8-4(b)的几何原子簇和特殊原子簇组成,其原子簇的基元是由图8-4(c)的等边三角形和等腰三角形的准晶格子构成。在软物质中相与相的相互作用产生局部几何堆积形成准晶结构[46-47]。因此准晶也存在软物质中,这将拓宽准晶的应用领域。

通过大高分子的结构模型,可以设计准晶高分子材料,进而开发高分子准晶材料的性能。双层石墨烯/准晶的晶格常数匹配度是决定其周期性近似晶体结构的最重要的因素,其设计理念可以推广到任意一种层状准周期体系[48]。当双层石墨烯的扭转角转到一定值时,体系的费米面附近出现平带,电子在高能量区域,电子-电子相互作用增强,出现莫特绝缘体(受非零电荷能隙保护的量子电子态)和超导体反常量子物态。这些性质都与双层石墨烯扭转的角度有关联,体系层间相互作用力随着扭转的角度的减少而逐渐增强。这种层间耦合对扭转双层石墨烯的电子结构以及物理性质都有影响。

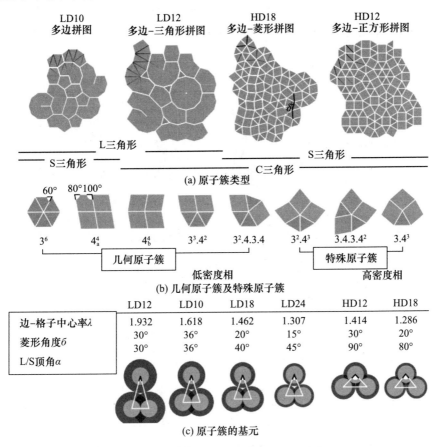

图8-4 软物质中准晶的原子簇模型[45]

8.5 超导准晶材料

包括载体掺杂氧化物和金刚石在内的许多晶体中观察到超导现象,无定形固体也不例外。在准晶体中也观察到超导现象,从 Al-Zn-Mg 准晶的电阻率、磁化强度和比热的测量结果表明 Al-Zn-Mg 准晶的电子跃迁,在低温度下出现超导现象。如图8-5所示,从 Al-Zn-Mg 近似晶体图8-5(a)(b)以及其准晶图8-5(c)的超导的磁阻效应曲线中可以观察到准晶的零温极限的临界场远远超过金属 Al(100Oe)的临界场。在 Al-Zn-Mg 准晶中减少 Al 含量,同时保持 Mg 的含量不变的情况下,超导的临界温度从 0.8K 下降到 0.2K。然而,当 Al 含量降低至 15%,Al－Zn－Mg 合金变成准晶时,其临界温度降低至 0.05K 左右。这些实验结果表明,在原子排列从周期性到准周期性变化的情况下,电子之间存在相互作用力[49]。准晶的超导性能的发现,拓宽了超导材料的应用范围。

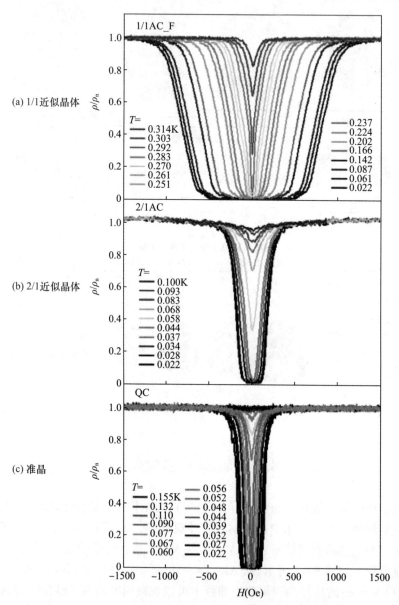

图 8-5　Al-Zn-Mg 准晶及其近似晶体的磁阻效应[49](见彩图)

参 考 文 献

［1］姜训勇,张磊,张瑞,等. TiZrNi 准晶电化学储氢性能研究［J］. 稀有金属,2012,36(2):248-253.

［2］袁亮,王清,侯晓多. $Ti_{38}Zr_{45}Ni_{17}$ 准晶合金的储氢性能及其 V 合金化［J］. 功能材料,2008,8:1318-1321.

［3］刘万强,段潜,李瑞,等. 准晶材料储氢研究［M］. 北京:国防工业出版社,2013.

［4］Huang H,Liu T,Zhang Z,et al. Deuterium storage of $Ti_{40}Zr_{40}Ni_{20}$ icosahedral quasicrystal［J］. International Journal of Hydrogen Energy,2012,37:15204-15209.

［5］Ribeiro R M,Lemus L F,Santosdos D S. Hydrogen absorption study of Ti-based alloys performed by melt-spinning［J］. Materials Research,2013,16(3):679-682.

［6］Takasaki A,Zywczak A,Gondek Ł,et al. Hydrogen storage characteristics of $Ti_{45}Zr_{38}Ni_{17}-xCox(x=4,8)$ alloy and quasicrystal powders produced by mechanical alloying［J］. Journal of Alloys and Compounds,2013,580:S216-S218.

［7］朱满,杨根仓,程素玲,等. $Al_{72}Ni_{12}Co_{16}$ 准晶颗粒/铝基复合材料中的相转变及其力学性能［J］. 稀有金属材料与工程,2010,39:1604-1608.

［8］Sidbom H,Portier R. An icosahedral phase in annealed austenitic stainless steel?［J］. Phil. Mag. Lett.,1989,59(3):131-139.

［9］Inoue A,Kimura H. High-strength aluminum alloys containing nanoquasicrystalline particles［J］. Mater. Sci. Eng.,2000,A286:1-10.

［10］Tang Y L,Zhao Z P,Shen S Q,et al. On thr chemical-composition analysis of the icosahedral phase in an Mg-Zn-Y-Zr ingot［J］. Journal of Alloys and Compounds,1994,204:17-19.

［11］Xu D K,Han E H. Effects of icosahedral phase formation on the microstructure and mechanical improvement of Mg alloys:A review［J］. Materials International,2012,22(5):364-385.

［12］董闯. 准晶材料［M］. 北京:国防工业出版社,1998.

［13］傅迎庆,周锋,高阳,等. 超音速火焰喷涂 Al-Cu-Cr 准晶涂层表面不粘性和耐磨性的研究［J］. 稀有金属材料与工程,2009,A02:635-639.

［14］Franke K J,Sharma H R,Theis P,et al. Quasicrystalline epitaxial single element monolayers on icosahedral Al-Pd-Mn and decagonal Al-Ni-Co quasicrystal surfaces［J］. Phys. Rev. Lett.,2002,89(15):156104(1-4).

［15］Sharma H R,Shimoda M,Ross A R,et al. Real-space observation of on the fifivefold surface of icosahedral Al-Cu-Fe quasicrystalline Sn monolayer formed uasicrystal［J］. Phys. Rev.,2005,B 72(4):045428(1-4).

［16］Ledieu J,Leung L,Wearing L H,et al. Self assembly,structure,and electronic properties of a quasiperiodic lead monolayer［J］. Phys. Rev.,2008,B 77(7):07340(1-4).

［17］Smerdon J A,Parle J K,Wearing L H,et al. Nucleation and growth of a quasicrystalline monolayer:Bi adsorption on the fifivefold surface of i-$Al_{70}Pd_{21}Mn_9$［J］. Phys. Rev.,2008,B78(7):075407(1-6).

［18］Fournée V,Sharma H R,Shimoda M,et al. Quantum size effects in metal thin fifilms grown on quasicrystalline substrates［J］. Phys. Rev. Lett.,2005,95(15):155504(1-4).

［19］Sharma H R,Fournée V,Shimoda M,et al. Growth of Bi thin fifilms on quasicrystal surfaces［J］.

Phys. Rev. ,2008,B 78(15):155416(1-11).

[20] Smerdon J A,Cross N,Dhanak V R,et al. Structure and reactivity of Bi allotropes on the fivefold icosahedral Al-Pd-Mn quasicrystal surface[J]. J. Phys. Condens. Matter. ,2010,22(34):345002(1-15).

[21] Ledieu J,Hoeft J T,Reid D E,et al. Pseudomorphic growth of a single element quasiperiodic ultrathin film on a quasicrystal substrate[J]. Phys. Rev. Lett. ,2004,92(13):135507(1-4).

[22] Smerdon J A,Ledieu J,Hoeft J T,et al. Adsorption of cobalt on the tenfold surface of d-$Al_{72}Ni_{11}Co_{17}$ and on the fivefold surface of i-$Al_{70}Pd_{21}Mn_9$[J]. Phil. Mag. ,2006,86(6-8):841(1-5).

[23] Pussi K,Gierer M,Diehl R D. The uniaxially aperiodic structure of a thin Cu film on fivefold i-AlPdMn [J]. J. Phys. :Condens. Matter. ,2009,21(47):474213(1-7).

[24] Sharma H R,Nozawa K,Smerdon J A,et al. Templated three-dimensional growth of quasicrystalline lead [J]. Nat. Comm. ,2013,4:2715(1-8).

[25] Cai T,Ledieu J,McGrath R,et al. Pseudomorphic starfish:nucleation of extrinsic metal atoms on a quasicrystalline substrate[J]. Surf. Sci. ,2003,526(1-2):115-120.

[26] Ledieu J,Unsworth P,Lograsso T A,et al. Ordering of Si atoms on the fivefold Al-Pd-Mn quasicrystal surface[J]. Phys. Rev. ,2006,B 73(1):012204(1-4).

[27] Krajčí M,Hafner J. Ab initio study of quasiperiodic monolayers on a fivefold i-Al-Pd-Mn surface [J]. Phys. Rev. ,2005,B 71(18):184207(1-14).

[28] Sharma H R,Ledieu J,Fournée V,et al. Influence of the substrate temperature and deposition flux in the growth of a Bi thin film on the ten-fold decagonal Al-Ni-Co surface[J]. Phil. Mag. ,2011,91(19-21):2870-2878.

[29] Ünal B,Fournée V,Thiel P A,et al. Structure and growth of height-selected Ag islands on fivefold i-AlPdMn quasicrystalline surfaces:STM analysis and step dynamics modeling[J]. Phys. Rev. Lett. ,2009,102:196103(1-4).

[30] Ledieu J,Hoeft J T,Reid D E,et al. Copper adsorption on the fivefold Al70Pd21Mn9 quasicrystal surface [J]. Phys. Rev. ,2005,B72(3):035420(1-6).

[31] Smerdon J A,Ledieu J,McGrath R,et al. Characterization of aperiodic and periodic thin Cu films formed on the five-fold surface of i-$Al_{70}Pd_{21}Mn_9$[J]. Phys. Rev. ,2006,B(3):035429(1-7).

[32] Hars SS,Sharma H R,Smerdon J A,et al. Growth of a bismuth thin film on the five-fold surface of the icosahedral Ag-In-Yb quasicrystal[J]. Surf. Sci. ,2018,678:222-227.

[33] Stefan F,Klaus M,Rene'H,et al. Quasicrystalline structure formation in a classical crystalline thin-film system[J]. Nature letter,2013,502:215-218.

[34] Parsamehr H,Lu Y J,Lin T Y,et al. In-Situ observation of local atomic structure of Al-Cu-Fe quasicrystal Formation[J]. Scientific Reports,2019,9:1245(1-9).

[35] Levine D,Steinhardt P J. Quasicrystals—a new class of ordered structures[J]. Phys. Rev. Lett. ,1984,53:2477-2480.

[36] Zeng X B,Ungar G,Liu Y S,et al. Supramolecular dendritic liquid quasicrystals[J]. Nature,2004,428:157-160.

[37] Xiao C,Fujita N,Miyasaka K,et al. Dodecagonal tiling in mesoporous silica[J]. Nature,2012,487:349-353.

[38] Hayashida K,Dotera T,Takano A,et al. Polymeric quasicrystal:mesoscopic quasicrystalline tiling in ABC

star polymers[J]. Phys. Rev. Lett. ,2007,98:195502(1 -4).

[39] Zhang J,Bates F S. Dodecagonal quasicrystalline morphology in a poly(styrene – b – isoprene – b – styrene – b – ethylene oxide) tetrablock terpolymer[J]. J. Am. Chem. Soc. ,2012,134:7636 – 7639.

[40] Fischer S,Exner A,Zielske K,et al. Colloidal quasicrystals with 12 – fold and 18 – fold diffraction symmetry [J]. Proc. Natl Acad. Sci. ,2011,108:1810 – 1814.

[41] Ungar G,Zeng X. Frank – Kasper,quasicrystalline and related phases in liquid crystals[J]. Soft Matter, 2005,1:95 – 106.

[42] Lifshitz R,Diamant H. Soft quasicrystals—why are they stable? [J]. Phil. Mag. ,2007,87:3021 – 3030.

[43] Mikhael J,Roth J,Helden L,et al. Archimedean – like tiling on decagonal quasicrystalline surfaces [J]. Nature,2008,454:501 – 504.

[44] Iacovella C R,Keys A S,Glotzer S C. Self – assembly of soft – matter quasicrystals and their approximants [J]. Proc. Natl Acad. Sci. ,2011,108:20935 – 20940.

[45] Haji – Akbari A,Engel M,Keys A S,et al. Disordered,quasicrystalline and crystalline phases of densely packed tetrahedra[J]. Nature,2009,462:773 – 777.

[46] Dotera T,Oshiro T,Ziherl P. Mosaic two – lengthscale quasicrystals[J]. Nature,2014,506:208 – 211.

[47] Damasceno P F,Engel M,Glotzer S C. Predictive self – assembly of polyhedra into complex structures [J]. Science,2012,337:453 – 457.

[48] Yu G D,Wu Z W,Zhan Z,et al. Dodecagonal bilayer graphene quasicrystal and its approximants[J]. Nature npj. Computational Material,2019,5:122 – 132.

[49] Kamiya K,Takeuchi T,Kabeya N,et al. Discovery of superconductivity in quasicrystal[J]. Nature Communications,2018,9:154 – 161.

第9章 准晶材料及复合材料的催化性能

准晶材料具有的催化性能与晶体材料的催化性能不同,在催化加氢、催化氧化等方面具有优异性。准晶材料的反射率比导电材料的低,但均高于半导体材料和绝缘材料的反射率,且准晶具有较宽的光响应范围。在半导体材料中也存在准晶结构。在本章除了介绍准晶材料的催化性以外,还介绍半导体复合材料的制备方法、形貌组织、性能测试、光催化降解有机物。

9.1 准晶的催化性能

将 Al-Pd 准晶、Al-Pd 晶体以及纯 Al 和纯 Pd 分别与 MgO 混合,在 775K 温度下煅烧 5h 形成催化剂,用于催化甲醇分解为氢气和一氧化碳的反应[1]。铝合金准晶超细粉末是通过气相反应生成的,由 V、Cr、Mn、Fe、Co、Ni、Cu 和 Pd 中的至少一种金属元素组成。例如 Pd 含量 20%~30%,其他成分为 Al 的成分。Pd 具有催化能力,Al 超细粉末具有较大的比表面积,Al 粒径 $d \leqslant 200nm$,这种 Al-Pd 准晶超细粉末在甲醇分解反应中有高催化活性,生成的氢气产量高,反应温度低,在反应时间内能够保持催化活性和结构的完整性,在 Al-Pd 准晶催化剂的表面和被氧化表面上,发现两者的结构和化学组成基本与纯 Al 的一致,而甲醇在 Al-Pd 准晶催化剂表面的吸附和在纯 Al 催化剂表面的吸收量相同,准晶催化剂在甲醇分解反应中的催化活性优于其他金属晶体的原因是与准晶低的表面能有关,因此容易进行催化反应[2]。准晶材料也可用于催化加氢和催化氧化。

9.1.1 准晶材料的催化加氢

在工业上广泛应用甲醇水蒸气重整制氢技术,由于甲醇水蒸气原料来源广泛、容易达到反应条件等优点,因此用甲醇水蒸气制备氢气,其反应式如下:

$$CH_3OH + H_2O \longrightarrow 3H_2 + CO_2 \tag{9-1}$$

式(9-1)的反应也简称 SRM。Tsai 等[3]研究准晶催化 SRM 反应,采用电弧熔炼技术制备 $Al_{63}Cu_{25}Fe_{12}$ 合金,在 1073K 下退火处理 6h 后得到 $Al_{63}Cu_{25}Fe_{12}$ 准晶,把 $Al_{63}Cu_{25}Fe_{12}$ 准晶在 20% 的 NaOH 溶液中浸泡处理 2h,有效地除去氧化铝钝

化层,增加比表面积,并且在 $Al_{63}Cu_{25}Fe_{12}$ 准晶中裸露出 Cu 纳米粒子,成为催化活性的中心。$Al_{63}Cu_{25}Fe_{12}$ 准晶用于催化 SRM 反应,在 573K 时,H_2 的生成速率达到 235L/kg·min。

9.1.2 准晶材料的催化氧化

具有十边形结构的 Al-Ni-Co 准晶合金粉末经过碱液处理后,形成高分散的高还原性的 Ni 和 Co 金属骨架的催化剂,这种催化剂催化巴豆醛和乙腈氢化反应比传统的雷尼镍催化剂催化的显示较高的催化活性,其主要产物是正丁醛和乙胺[4]。在模拟环己烷氧化反应的催化效应中,采用 $Ti_{45}Zr_{35}Ni_{17}Cu_3$ 准晶作为催化剂催化环己烷氧化,环己烷的转化占 6.5%,环己醇和环己酮的选择占 88.1%[5]。在富含准晶的 Ti-Zr-Co 合金中,Ti-Zr-Co 准晶的形成与 Ti_2Co 金属间化合物有关,Co 含量是决定催化环己烷氧化反应活性的主要因素,Ti-Zr-Co 准晶结构可以改善产物的选择性。通过组分筛选,$Ti_{70}Zr_{10}Co_{20}$ 准晶表现出较好的催化活性,在 $Ti_{70}Zr_{10}Co_{20}$ 准晶催化环己烷时,环己烷氧化的转化占 6.8%,醇酮的选择占 90.4%,在五次循环反应后,其转化率和选择率基本上不发生变化[6-7]。准晶材料还具有手性分子(手性分子是指镜面对称,但不能重合的分子)诱导催化活性。利用气相沉积形成二十面体结构的 Al-Cu-Fe 准晶薄膜催化乙醇,择优合成具有手性指数(9,9)、(15,11)和(7,5)的椅式及类椅式结构的单壁碳纳米管[8]。Al-Cu-Fe 准晶薄膜经过退火煅烧后可以转化为具有面心二十面体结构的多壁纳米管,催化合成的碳纳米管的直径与原子簇的尺寸相关联。此外,Al-Cu-Fe 和 Al-Pd-Re 的准晶粉末也可以催化乙醇,气相沉积合成多壁碳纳米管[9]。多壁碳纳米管具有良好电催化性能。

9.2 半导体复合材料的光催化性

由于半导体材料在可见光内没有光响应,光生载流子的复合率高,存在光腐蚀,以及对太阳光吸收率低等原因,因此通过制备半导体复合材料的光催化剂,促进半导体复合材料光生电子的光催化反应,提高光催化降解污染物的效率。半导体复合材料的机理是把两种(或两种以上)不同禁带宽度半导体通过一定方式复合在一起,从而提高半导体复合材料的光电性能。本节主要介绍单质-半导体复合材料 Ag/SiO_2、$Gd/N-TiO_2$、$Ag-Cu_2O/rGO$,化合物-半导体复合材料 ZnO/BC、Ag_3PO_4/MoS_2,复合半导体材料 $BiVO_4/Zn_2SnO_4$、$BiVO_4/Ag_3PO_4$,以及间接半导体复合材料 $BiOBr/Ag_3PO_4/rGO$ 光催化降解甲基橙甲基蓝(MB)、甲基橙(MO)、四环素(TC)、苯酚等有机污染物。半导体复合材料的制备方法有溶胶-凝胶法、化学反应合成法、氧化还原方法,有些半导体复合材料的制备方法需要以上两种或两种以上的制备方法。

9.2.1 单质-半导体复合材料

1. Ag/SiO₂ 的形貌组织及其光催化性

1) Ag/SiO₂ 复合微球的形貌组织

采用水热法在 SiO_2 纳米微球表面上生长 Ag 纳米粒子,制备 Ag/SiO_2 复合微球。在弱碱性环境中 SiO_2 纳米微球表面形成大量的 SiO^- 基群,在静电吸引的作用下,正电性的 $[Ag(NH_3)_2]^+$ 或 Ag^+ 与 SiO^- 相互作用,吸附在 SiO_2 微球表面,Ag^+ 通过还原剂被逐渐还原为 Ag,Ag 在原位生长逐步结晶化,并与 SiO_2 纳米微球形成 Ag/SiO_2 复合微球。图 9-1 为 Ag/SiO_2 复合微球的微观组织图。从图 9-1(a) 的 SiO_2 纳米微球和图 9-1(b) 的 Ag/SiO_2 复合微球对比可以观察到 Ag 粒子已在 SiO_2 纳米微球表面上,图 9-1(c) 是从图 9-1(b) 中的一部分选取区域进行 HRTEM 测试,通过 Ag/SiO_2 复合微球的 HRTEM 测试结果的分析,确定立方结构的 Ag 纳米粒子的晶格距离为 0.235nm,对应 Ag(111) 晶面。从图 9-2 的 Ag/SiO_2 复合微球的 XPS 以及图 9-3 的 Ag/SiO_2 复合微球的 XRD 的图谱中可看出有 Ag 的波峰出现,这说明 Ag 粒子在 SiO_2 纳米微球表面存在。

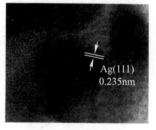

(a) SiO₂的TEM　　(b) Ag/SiO₂的TEM　　(c) Ag/SiO₂的HRTEM

图 9-1　Ag/SiO₂ 复合微球的形貌组织

用水热法制备 Ag/SiO_2 复合微球的过程中,添加不同含量的 $AgNO_3$,制备 Ag/SiO_2 复合微球。从图 9-4 的 Ag/SiO_2 复合微球示意图中可以观察到:当 $AgNO_3$ 含量为 0.06g 时,在 SiO_2 表面有少许细小的 Ag 纳米粒子,形成 SA1 的 Ag/SiO_2 复合微球;当 $AgNO_3$ 含量为 0.10g 时,在 SiO_2 表面有较多细小的 Ag 纳米粒子形成 SA2 的 Ag/SiO_2 复合微球;当 $AgNO_3$ 含量为 0.14g 时,在 SiO_2 表面有较多较大的 Ag 纳米粒子,形成 SA3 的 Ag/SiO_2 复合微球。图 9-5 为不同含量 $AgNO_3$ 的 Ag/SiO_2 复合微球的 TEM 谱图。从图 9-5(a) 中观察到在 SA1 的

Ag/SiO₂ 复合微球中 Ag 在 SiO₂ 表面分布密度较小。在图 9-5(b) 的 SA2 的 Ag/SiO₂ 复合微球中 SiO₂ 表面上覆盖大量 Ag(晶粒尺寸:30~40nm),Ag 在 SiO₂ 表面分布的密度较大。在 SA3 的 Ag/SiO₂ 复合微球中,SiO₂ 表面上有大量 Ag 纳米粒子富集(图 9-5(c)),以 Ag 为核生长,形成 Ag/SiO₂ 复合微球,通过 TEM 观察 Ag 晶粒尺寸较大(晶粒尺寸大于 50nm)。

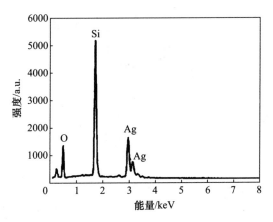

图 9-2　Ag/SiO₂ 复合微球的 XPS

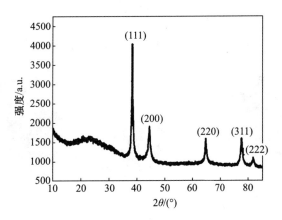

图 9-3　Ag/SiO₂ 复合微球的 XRD

2) Ag/SiO₂ 复合微球的光催化性

用吸收光谱来反映光催化性能。在 Ag/SiO₂ 复合微球光催化降解亚甲基蓝(MB)的紫外可见光谱(UV-Vis)的吸收光谱中,位于 664nm 的波峰为 MB 的特征峰。如图 9-6 所示,在 Ag/SiO₂ 复合微球光催化降解 MB 过程中,SiO₂ 纳米微球(图 9-6(a))和 Ag(图 9-6(b))对 MB(664nm)的特征峰强度随时间变化都没有发生变化,而 SA1(图9-6(c))、SA2(图9-6(d))以及 SA3(图9-6(e))的 Ag/SiO$_2$ 复合微球对 MB(664nm)特征峰强度随时间变化都发生变化,其中 SA2 的 Ag/SiO$_2$ 复合微球在 80min 光催化后,MB(664nm)的特征吸收峰强度最低,这说明 SA2 的 Ag/SiO$_2$ 复合微球降解 MB 具有较高的光催化活性。

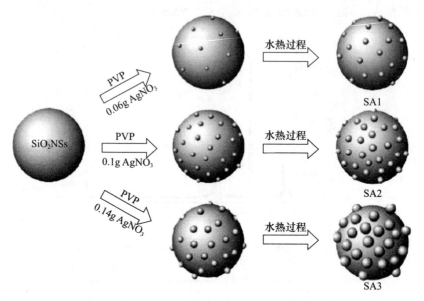

图9-4　Ag/SiO$_2$ 复合微球形成示意图

图9-5　不同 AgNO$_3$ 含量的 Ag/SiO$_2$ 的 TEM

用紫外可见分光光度计测量降解物质的吸光度,计算物质的降解效率,表达式如下:

$$\beta = \frac{C_0 - C_t}{C_0} = \frac{A_0 - A_t}{A_0} \times 100\% \quad (9-2)$$

式中:C_0 为物质初始浓度(mg/L);C_t 为降解时间 t 的物质浓度(mg/L);A_0 为物质的初始吸光度;A_t 为降解时间 t 的物质的吸光度。

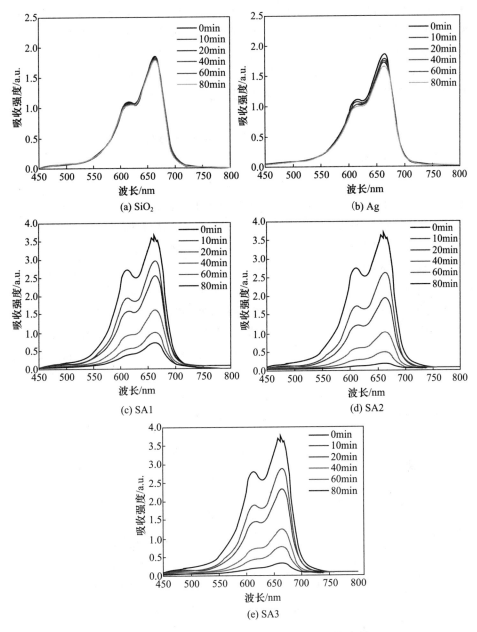

图9-6 Ag/SiO₂降解MB的UV-Vis的吸收光谱

根据式(9-2)计算在紫外线照射条件下Ag/SiO₂复合微球对MB光催化降解效率,如图9-7(a)所示,SiO₂、Ag以及SA1、SA2、SA3的Ag/SiO₂复合微球对

MB 的光催化降解效率分别为 3.3%、8.9%、90.9%、97.7% 和 95.8%。由此可见，Ag/SiO$_2$ 复合微球对 MB 的光催化降解效率分别高于 SiO$_2$、Ag 的对 MB 的光催化降解效率，其中 SA2 的 Ag/SiO$_2$ 复合微球降解 MB 具有较高的光催化效率，这说明 SA2 的 Ag/SiO$_2$ 复合微球有较强的光催化性，这与图 9-6(d) 中 SA2 的 Ag/SiO$_2$ 复合微球对 MB 的特征峰吸收强度最小而得出其光催活性强的结果相一致。

根据表观反应速率常数公式计算 Ag/SiO$_2$ 复合材料光催化降解 MB 的表观反应速率常数 k_{app}，k_{app} 的表达式为

$$k_{app}t = \ln(C_0/C_t) \tag{9-3}$$

式中：C_0 为 MB 溶液的初始浓度；C_t 为反应时间 t 的 MB 浓度。

图 9-7 为 Ag/SiO$_2$ 复合微球在不同光照时间降解 MB 的光催化效率图，图 9-7(b) 是对图 9-7(a) 的 Ag/SiO$_2$ 光催化降解的效率的线性拟合图，从图 9-7(b) 的 Ag/SiO$_2$ 的降解浓度 $\ln C_0/C_t$ 与降解时间 t 的线性拟合图中，表明 Ag/SiO$_2$ 复合微球对 MB 的光催化过程属于一级动力学反应过程，通过式(9-3) 计算 Ag/SiO$_2$ 复合微球光催化降解 MB 的表观速率常数和活性因子，如表 9-1 所列，其中 SA2 的 Ag/SiO$_2$ 复合微球表观速率常数和活性因子较大，分别为 0.03885s^{-1} 和 0.9713s^{-1}g^{-1}，这也说明 SA2 的 Ag/SiO$_2$ 复合微球降解 MB 具有较高的光催化性能。

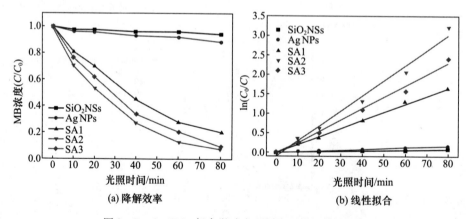

图 9-7 Ag/SiO$_2$ 复合微球在不同光照时间降解 MB

表 9-1 Ag/SiO$_2$ 复合微球降解 MB 表观速率常数和活性因子

催化剂	催化剂质量/g	速率常数/s^{-1}	活性因子/(s^{-1}·g^{-1})
SiO$_2$NSs	0.04	0.00063	0.0158

续表

催化剂	催化剂质量/g	速率常数/s^{-1}	活性因子/$(s^{-1} \cdot g^{-1})$
Ag NPs	0.04	0.00158	0.0395
SA1	0.04	0.02076	0.5190
SA2	0.04	0.03885	0.9713
SA3	0.04	0.02932	0.7330

2. Gd/N–TiO_2 的制备及光催化性能的应用

1) Gd/N–TiO_2 的制备

采用溶胶–凝胶法制备 Gd/N 共掺杂 TiO_2 的光催化剂。把钛金属醇盐溶解于有机溶剂里,加入水和抑制剂,经过水解、缩合等反应,逐渐形成透明的溶胶,溶胶经陈化过程,羟基缩合,从而发生失水缩聚和失醇缩聚,形成三维网络状结构的凝胶(用浸渍提拉法在陶瓷上镀 Gd/N–TiO_2 薄膜),把凝胶通过干燥、烧结等过程形成 Gd/N–TiO_2 粉末的光催化剂。Gd/N–TiO_2 具体制备过程:首先取 10mL 钛酸四丁酯加入 20mL 乙醇中,搅拌 30min,再加 2mL 乙酰丙酮,搅拌 40min 得到溶液 A。其次在 15mL 水中加入 23.3mL 乙醇配成溶液 B,向 B 溶液中加入六水合硝酸钆(0~0.198g)和尿素(0.0701g)溶液。然后把 A 溶液快速加入到 B 溶液,静置 1min,待白色混浊液变成透明的黄色溶液,经超声分散 10min 得到溶胶 C。把溶胶 C 陈化 6h 后注入开口瓶中,并放置在水浴锅中保持 95℃,直到溶胶变成干凝胶,最后将干凝胶用研钵研成粉末放入马弗炉中以 5℃/min 的升温速度,升温到 450℃,恒温 2.5h,再随炉冷却 24h 后取出粉末,即可制得 Gd/N–TiO_2 粉末。

2) Gd/N–TiO_2 的晶粒尺寸

从图 9–8 的 0.5% Gd/8.0% N–TiO_2 的 EDX 能谱中不仅观察到有 Ti、O 的衍射峰,还有 Gd 和 N 的衍射峰,这说明 Gd/N 元素掺杂到 TiO_2 中,表 9–2 为 0.5% Gd/8.0% N–TiO_2 的各元素含量表。通过谢勒(Scherrer)公式计算晶粒尺寸

$$D = \frac{K\gamma}{B\cos\theta} \quad (9-4)$$

式中:K 为谢勒常数;B 为实测样品衍射峰半高宽;θ 为衍射角;γ 为 0.154nm 的 X 射线波长。

在扫描范围 10°~80°,扫描速度 4(°)/min 的实验条件下,根据式(9–4)计算经 723K 温度处理的 0.5% Gd/8.0% N–TiO_2 的晶粒尺寸为 9.01nm。

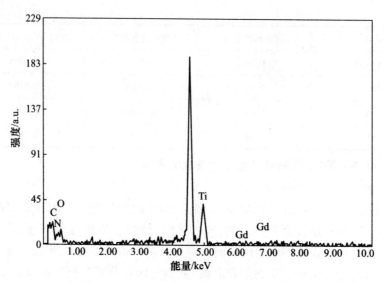

图9-8 0.5% Gd/8.0% N-TiO₂ 的 EDX

表9-2 0.5% Gd/8.0% N-TiO₂ 的各元素含量

元素	质量/%	原子/%
C	09.21	24.13
O	10.28	20.21
Ti	76.89	50.49
Gd	1.45	0.29
N	2.17	4.87

从图9-9的0.5% Gd/8.0% N-TiO₂ 的 TEM 中测量0.5% Gd/8.0% N-TiO₂ 晶粒尺寸为9.0nm，这与从 XRD 图谱计算0.5% Gd/8.0% N-TiO₂ 的晶粒尺寸9.01nm 比较接近。Gd/N 共掺杂同样抑制 TiO₂ 晶粒（TiO₂ 的晶粒尺寸约为20nm）生长，也减少 TiO₂ 晶粒团聚。

3）Gd/N-TiO₂ 的光催化性的影响因素

（1）掺杂浓度。图9-10为 Gd/N-TiO₂ 和工业 P25(TiO₂) 分别在7.6h 可见光照射下对甲基橙(MO)的降解效率示意图，0.5% Gd/8.0% N-TiO₂ 降解效率为68.54%，比工业 P25 的(15.1%)高53.03%。Gd/N 共掺杂 TiO₂ 和 Gd 掺杂 TiO₂ 的禁带宽度相同，但 Gd/N-TiO₂ 光催化性能明显优于 Gd-TiO₂ 的光催化性能，这说明 N 掺杂形成 N_{2p} 能带有利于在可见光体系协同敏化产生响应。Gd/N-TiO₂ 在可见光条件下光催化降解甲基橙的降解率随着 Gd 掺杂量的增加先增大后减小，0.5% Gd/8.0% N-TiO₂ 的降解效率达到较大值。

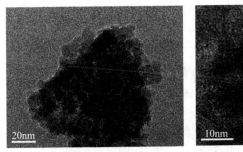

(a) 低分辨率　　　　　　　　　(b) 高分辨率

图 9-9　0.5% Gd/8.0% N-TiO$_2$ 光催化剂的 TEM

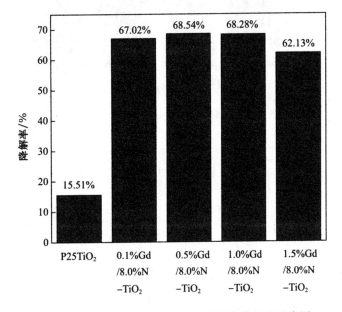

图 9-10　Gd/N 掺杂 TiO$_2$ 对 MO 光催化降解的示意图

（2）煅烧温度。图 9-11 为不同煅烧温度下制备的 0.5% Gd/8.0% N-TiO$_2$ 在可见光照射 7.6h 后对 10mg/L 甲基橙的降解率示意图。从图中可以看出 723K 煅烧温度的 0.5% Gd/8.0% N-TiO$_2$ 降解甲基橙的降解效率较高(68.54%)，这是因为 723K 煅烧温度的 0.5% Gd/8.0% N-TiO$_2$ 的光致荧光强度较低,降低电子-空穴复合率。另外,0.5% Gd/8.0% N-TiO$_2$ 晶粒尺寸相对较小,增大比表面积,因此 0.5% Gd/8.0% N-TiO$_2$ 具有较好的光催化降解甲基橙性能。

如图 9-12 所示,在可见光照射条件下 0.5% Gd/8.0% N-TiO$_2$ 的第一次、第二次和第三次循环降解甲基橙的降解效率分别为 67.64%、65.86% 和

63.65%,经过10次循环降解甲基橙后其光催化效率在30%以上,Gd/N-TiO$_2$循环降解甲基橙效率衰减较快。

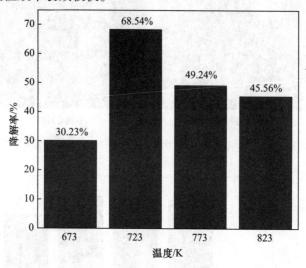

图9-11 不同煅烧温度的0.5% Gd/8.0% N-TiO$_2$的光催化降解MO的示意图

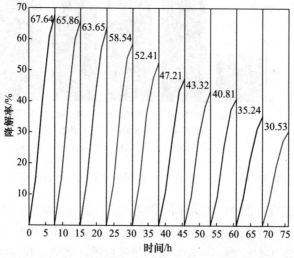

图9-12 0.5% Gd/8.0% N-TiO$_2$的光催化循环降解甲基橙的效率

(3) Gd/N-TiO$_2$光催化性在陶瓷上应用。在分别镀有Gd-TiO$_2$和Gd/N-TiO$_2$薄膜的陶瓷上经可见光照射4h后对甲基橙进行降解,如图9-13所示,从降解效率的示意图可以看出Gd/N-TiO$_2$薄膜陶瓷的降解效率比Gd-TiO$_2$薄膜陶瓷的降解效率高,其中0.1% Gd/8.0% N-TiO$_2$和1.0% Gd/8.0% N-TiO$_2$

薄膜陶瓷光催化降解甲基橙的降解率都在54.0%以上。0.1% Gd/8.0% N - TiO₂薄膜陶瓷在可见光照射10min后接触角由原来的43.37°降低到40.32°,提高薄膜陶瓷的亲水性,有利于薄膜陶瓷的自清洁。

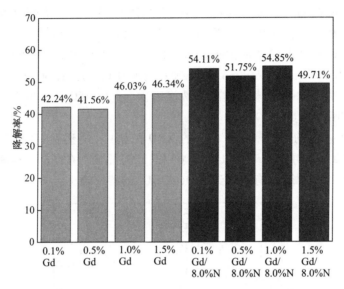

图9-13 Gd/N - TiO₂薄膜陶瓷对MO的降解率示意

采用溶胶-凝胶法制备Gd/N掺杂TiO₂,在可见光照射下Gd/N掺杂TiO₂具有良好的光催化降解甲基橙性能,且能循环降解甲基橙。Gd/N - TiO₂薄膜陶瓷在可见光条件下具有亲水性以及降解甲基橙性能,进一步提高Gd/N - TiO₂薄膜陶瓷的光催化性能可以添加Fe等金属或金属复合材料。

3. Ag - Cu₂O/rGO的制备及其光催化性能

1) Ag - Cu₂O/rGO的制备

制备Ag - Cu₂O/rGO复合材料,首先用Hummers法制备氧化石墨烯(GO),其次采用化学还原法制备Ag - Cu₂O/rGO复合材料,其具体制备过程如下:

(1) 采用Hummers法制备氧化石墨烯(GO)。把1g石墨粉,0.5g硝酸钠($NaNO_3$)放入500mL烧杯中均匀混合,在冰水浴条件下缓慢加入25mL浓硫酸(H_2SO_4),保持反应体系温度不高于5℃,搅拌0.5h后,再将1.4g高锰酸钾缓慢加入烧杯中,然后将水浴温度升高到35℃,搅拌反应1h,得到棕褐色悬浮液。经冰水浴处理后,缓慢加入46mL去离子水,继续搅拌20min,把棕褐色悬浮液进行95℃水浴处理,反应20min后,逐渐加入30%的3.5mL的过氧化氢(H_2O_2)溶液和27.5mL的去离子水。此时悬浮液颜色由棕褐色转变为亮黄色,搅拌10min后,冷却至室温,再经离心洗涤、干燥得到GO纳米片。

(2) 采用化学还原法制备 Ag/Cu₂O/rGO(还原氧化石墨烯,rGO)复合材料。把 8.8g 的 PVP、0.171g 的 $CuCl_2 \cdot 2H_2O$ 和 0.1g 柠檬酸三钠的混合物放入 200mL 单口烧瓶中,加入 100mLGO 分散液,用磁力搅拌,使其形成黄绿色透明溶液。在 10min 内加入 2mol 的 10mL 的 NaOH 溶液,其混合溶液颜色由黄绿色逐渐转变为黑棕色。搅拌 0.5h 之后,在 10min 内逐滴加入 0.6mol 的 10mL 抗坏血酸(AA)溶液,此时黑棕色混合液变为暗红色混合液,在水浴温度 55℃反应条件下,持续搅拌 2.5h,再加入 20mL 的 $AgNO_3$ 溶液,用磁力搅拌 30min,最后将所得沉淀物用去离子水和无水乙醇离心洗涤五次,放入 60℃烘箱中干燥 3h,得到 Ag-Cu₂O/rGO 的复合材料。

从图 9-14 的 Ag-Cu₂O/rGO 的 XRD 图谱中,观察到有 38.1°、44.3°和 64.4°的波峰分别对应 Ag 的(111)(200)和(220)晶面。在图谱中检测到立方相晶体 Cu₂O 的特征峰,没有检测到 rGO(或 GO)的特征峰。

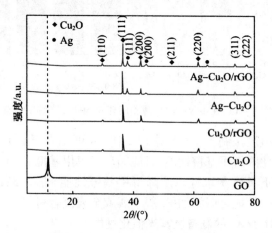

图 9-14　Ag-Cu₂O/rGO 的 XRD

根据 Ag-Cu₂O/rGO 的红外光谱(FT-IR)分析 GO 还原 rGO。在图 9-15 中在 $630cm^{-1}$ 处的 Cu₂O 典型特征峰是由于 Cu—O 键的伸缩振动引起的。位于 $3450cm^{-1}$、$1735cm^{-1}$、$1621cm^{-1}$、$1400cm^{-1}$ 和 $1059cm^{-1}$ 处的 GO 特征峰,分别为 O—H 键、羧基 C=O 键、C=C 键、C—OH 和烷氧基 C—O 键的伸缩振动峰。在 Cu₂O/rGO 和 Ag-Cu₂O/rGO 复合材料中,含氧官能团的伸缩振动峰($3450cm^{-1}$、$1735cm^{-1}$、$1621cm^{-1}$、$1400cm^{-1}$ 和 $1059cm^{-1}$)的强度逐渐变弱,甚至消失,这说明 GO 中的含氧官能团逐渐减弱,GO 被还原为 rGO。图 9-16 为 Ag-Cu₂O/rGO 拉曼光谱(Raman)图在 $1300 \sim 1650cm^{-1}$ 之间存在的两个峰为碳的特征峰,即 D 峰和 G 峰。D 峰是由碳原子边缘不饱和,以及 SP^3 缺陷所引起的

Raman 特征峰;G 峰是由碳原子 sp^2 杂化的面内伸缩振动引起的 Raman 特征峰。用 D 峰和 G 峰的强度比(I_D/I_G)评估 rGO 中的缺陷密度。rGO($I_D/I_G=1.21$)、$Cu_2O/rGO(I_D/I_G=1.26)$ 和 $Ag-Cu_2O/rGO(I_D/I_G=1.28)$ 的强度比均大于 $GO(I_D/I_G=0.86)$ 的强度比,这意味 sp^3 缺陷在碳原子已经形成。$Ag/Cu_2O/rGO$ 复合材料中的 D 峰向低频率移动,而 G 峰则向高频率移动,这是由于 sp^3 缺陷引起碳原子结构发生变化。此外,Cu_2O/rGO 和 $Ag-Cu_2O/rGO$ 在 $634cm^{-1}$ 处的峰属于 Cu_2O 峰。从图 9-15 的 $Ag-Cu_2O/rGO$ 的 FT-IR 和图 9-16 的 $Ag-Cu_2O/rGO$ 的拉曼光谱分析结果都说明 GO 已被还原为 rGO。

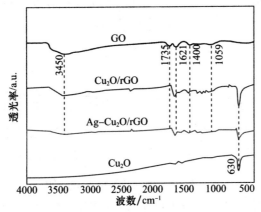

图 9-15 $Ag-Cu_2O/rGO$ 的 FT-IR

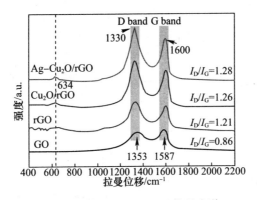

图 9-16 $Ag-Cu_2O/rGO$ 拉曼光谱

2) $Ag-Cu_2O/rGO$ 的光催化性

$Ag-Cu_2O/rGO$ 复合材料光催化降解 MO,如图 9-17(a)所示,在紫外线照射 60min 后,$Ag-Cu_2O/rGO$ 对 MO 降解率为 98.2%,Cu_2O 对 MO 降解率为 40%,$Ag-Cu_2O$ 和 Cu_2O-rGO 对 MO 的降解效率分别为 88.2% 和 72.5%。从

图9-17(b)的 Cu_2O 基复合材料的降解浓度 $\ln(C_0/C)$ 与降解时间 t 的线性拟合图中表明 $Ag-Cu_2O/rGO$、$Ag-Cu_2O$、Cu_2O-rGO 和 Cu_2O 对 MO 光催化降解过程遵循动力学一级反应规律,其表观反应速率常数 k 分别为 $0.025\min^{-1}$、$0.013\min^{-1}$、$0.010\min^{-1}$、$0.005\min^{-1}$。$Ag-Cu_2O/rGO$ 的 k 值分别为 $Ag-Cu_2O$ 的 2 倍、Cu_2O 的 5 倍,因此 $Ag-Cu_2O/rGO$ 具有较高的光催化活性。

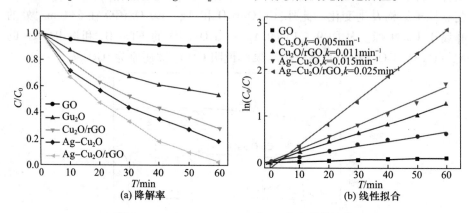

图9-17 $Ag-Cu_2O/rGO$ 对 MO 的光催化降解

用 $Ag-Cu_2O/rGO$ 复合材料光催化降解苯酚,如图9-18(a)所示,经过 210min 紫外线照射后,$Ag-Cu_2O/rGO$ 对苯酚的降解率达到 96.8%,Cu_2O 对苯酚的降解效率仅有 40.7%,Cu_2O/rGO 和 $Ag-Cu_2O$ 对苯酚的降解效率分别为 60.4% 和 78.8%。$Ag-Cu_2O/rGO$ 的表观反应速率常数 k 较高(图9-18(b)),这说明添加 Ag 或者 rGO 有利于提高复合材料的光催化性能。

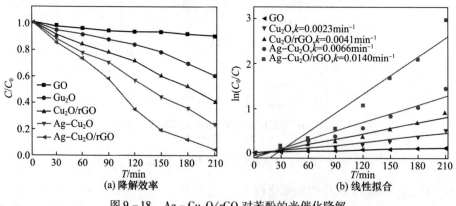

图9-18 $Ag-Cu_2O/rGO$ 对苯酚的光催化降解

从以上的 $Ag-Cu_2O/rGO$ 光催化降解甲基橙及苯酚的实验结果表明 $Ag-Cu_2O/rGO$ 复合材料在光催化降解甲基橙及苯酚方面获得良好的效果,这将为

Ag-Cu₂O/rGO 光催化降解甲基橙、苯酚等混合污染物的实际应用提供实验依据。

9.2.2 化合物-半导体复合材料

半导体材料如 GdS、SnO_2、ZnO、MoS_2 等具有窄的禁带宽度，对可见光有良好的光吸收性，与 Ag_3PO_4、BiOBr 等材料复合后，其能级匹配，光响应范围拓宽到可见光，提高光催化效率。此外，半导体材料还可以与有机材料复合，光催化降解有机污染物等。下面介绍 ZnO/BC（BC，竹炭）复合材料光催化降解甲基橙，以及 Ag_3PO_4/MoS_2 复合材料光催化降解 MB、MO。

1. ZnO/BC 的制备及其光催化性

1）ZnO/BC 的制备

用溶剂热法制备 ZnO/BC 复合材料。取适量 60 目竹炭放入 500mL 的烧杯中，加入去离子水煮沸 30min，超声洗涤 30min，把竹炭放入烘箱中，在 105℃ 干燥 24h，去除其水分，得到绝干竹炭。将二乙烯三胺（DETA）溶于 C_2H_5OH 中，用磁力棒搅拌 30min 其混合液，待混合液均匀后，加入 0.02mol $ZnCH_3(COOH)_2 \cdot 2H_2O$，经 2h 超声之后，得到透明的 ZnO 前驱体溶胶。在反应釜中把绝干竹炭放入 100mL 的聚四氟乙烯中，加入 ZnO 前驱体溶胶，进行溶剂反应生成 ZnO/BC 沉淀物。将沉淀物密闭后放置于烘箱中，以 10℃/min 的升温速率升温至 160℃，恒温 24h 后，再经离心醇洗和水洗各三次，取出沉淀物放到真空干燥箱里，在温度 45℃ 条件下干燥 24h 后，再放入管式炉里，以 5℃/min 的升温速率至 400℃，恒温时间为 1h，随炉降至室温，即可获得 ZnO/BC 复合材料。ZnO/BC 复合材料制备流程图如图 9-19 所示。

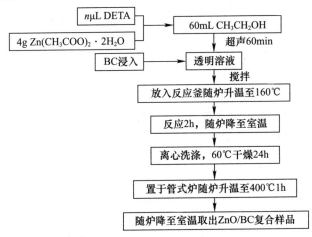

图 9-19 制备 ZnO/BC 复合材料流程

2) ZnO/BC 的形貌组织及其光催化性

图 9-20 为 ZnO/BC 复合材料的 XRD 图。图 9-20 中的(a)衍射峰为竹炭的衍射峰,在 $2\theta = 23°$ 附近有(002)晶面的类石墨弱衍射峰,这说明竹炭的存在。图 9-20 中的(b)衍射峰为 ZnO 衍射峰。图 9-20 中的(c)~(f)衍射峰为 ZnO/BC 复合材料的衍射峰,其都含有 ZnO 衍射峰,并且衍射峰尖锐,结晶性好,图 9-20 中的(e)衍射峰是用 DETA = 600μL 制备的 ZnO/BC 复合材料的衍射峰,在 $2\theta = 23°$ 存在类石墨衍射峰,这说明 ZnO 已负载在竹炭表面。根据式(9-4)计算不同 DETA 含量制备 ZnO/BC 复合材料的晶粒尺寸,其计算结果表明随 DETA 增加,ZnO/BC 晶粒尺寸变大,在 DETA = 600μL,ZnO/BC 的晶粒尺寸为 5.8nm。

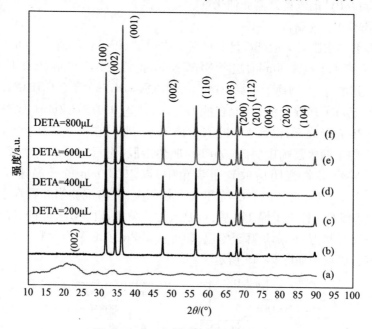

图 9-20 ZnO/BC 复合材料的 XRD

ZnO/BC 复合材料的形貌组织 SEM 如图 9-21 所示,从图 9-21(a)的 BC 形貌组织中观察到竹炭表面平整光滑,且有少量微孔。从图 9-21(b)中观察 ZnO/BC 表面的形貌有孔隙且被絮状颗粒包覆,从图 9-21(a)的 BC 与图 9-21(b)的 ZnO/BC 对比中,以及 ZnO/BC 复合材料的 XRD 的测量结果可以判断絮状物质为 ZnO 晶粒,且竹炭的孔隙仍保留,未完全被覆盖。

图 9-22 是不同 DETA 添加量的 ZnO/BC 复合材料对甲基橙的催化降解图。在暗态条件下,经 12h 后竹炭吸附 12.8% 的甲基橙,ZnO 吸附 1.3% 的甲基橙,ZnO/BC 复合材料吸附 9.5% 的甲基橙。ZnO/BC 在暗态条件下主要以物理吸附为主,且比竹炭吸附甲基橙吸附量低。这是由于 ZnO 负载在竹炭表面上,竹炭表

面的大部分微孔被ZnO覆盖,且甲基橙的染料大分子在竹炭孔隙和ZnO的表面堆积,达到吸附饱和状态,对甲基橙的降解效率低,因此相对于竹炭、ZnO/BC的吸附性能较弱。在紫外线光照的条件下,ZnO/BC复合材料对甲基橙的降解效率则明显提高,经紫外线照射4h后,ZnO/BC复合材料对甲基橙的光降解效率为97.9%,ZnO对甲基橙的光降催化降解效率为72.0%,而竹炭对甲基橙吸附量仍为12.8%,这是因为ZnO具有较好的光催化性,ZnO与竹炭复合后同时具有吸附性和光催化降解活性,且ZnO/BC相对于ZnO光催化效率提高25%以上。在添加600μL的DETA制备ZnO/BC复合材料的XRD结果中,竹炭以石墨的物相存在,竹炭有效地增加ZnO/BC复合材料的比表面积,ZnO/BC经三次循环对甲基橙的降解效率保持在94%以上(图9-23),这进一步说明ZnO/BC复合材料具有较好的光催化活性,从而达到ZnO/BC复合材料光催化循环降解甲基橙的高效率。

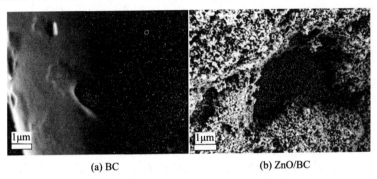

(a) BC　　　　　　　　(b) ZnO/BC

图9-21　ZnO/BC复合材料的SEM

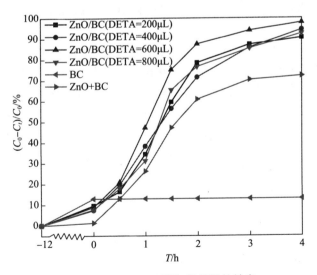

图9-22　ZnO/BC降解甲基橙的效率

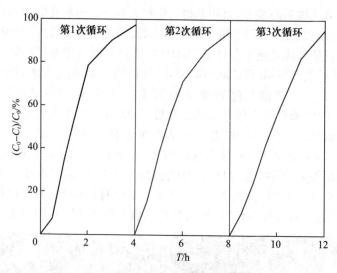

图9-23 ZnO/BC循环降解甲基橙

2. Ag_3PO_4/MoS_2 的制备及其光催化性

1) Ag_3PO_4/MoS_2 的制备

为了制备 Ag_3PO_4/MoS_2 复合材料,首先用水热法制备 MoS_2,分别称取 0.05g $Na_2MoO_4 \cdot 2H_2O$ 和 0.1g L-半胱氨酸,将其溶解到 25mL 的去离子水中,经超声 0.5h 后,得到均匀的 $Na_2MoO_4 \cdot 2H_2O$ 和 L-半胱氨酸混合溶液,然后把这种混合液注入反应釜中,在 220℃ 下反应 24h 后待其冷却至室温取出,分别用去离子水和无水乙醇洗涤,再在烘箱中进行 70℃ 干燥 12h,得到黑色的 MoS_2。其次采用化学沉淀法制备 Ag_3PO_4/MoS_2 复合材料,将不同浓度(10mmol/L、20mmol/L 和 30mmol/L)的 $AgNO_3$ 溶液分别加入 MoS_2 中进行化学反应,搅拌 30min,随后在 $AgNO_3$ 和 MoS_2 的混合溶液中滴加 10mL 的 Na_2HPO_4 溶液,继续反应 1h,得到 Ag_3PO_4/MoS_2,依次用去离子水和乙醇离心洗涤三次后,在烘箱中进行 60℃ 干燥 5h,并将其分别标记为 Ag_3PO_4/MoS_2(C_{AgNO_3} = 10mmol/L),Ag_3PO_4/MoS_2(C_{AgNO_3} = 20mmol/L)和 Ag_3PO_4/MoS_2(C_{AgNO_3} = 30mmol/L)。将这三种不同浓度的 Ag_3PO_4/MoS_2 光催化剂分别对 MB 和 MO 溶液进行光催化降解。

Ag_3PO_4/MoS_2 复合材料的 XRD 图如图9-24(a)所示,从图中可以观察到 2θ 在 20°~80° 范围内出现衍射峰分别对应于 Ag_3PO_4 的(110)、(200)、(210)、(211)等晶面,由此可见 Ag_3PO_4/MoS_2 复合材料中的 Ag_3PO_4 以体心立方结构存在。此外,从 Ag_3PO_4/MoS_2 复合材料的 EDS 图谱中(图9-24(b))可以看出 Ag_3PO_4/MoS_2 复合材料中存在 Ag、P、O、Mo 和 S 五种元素,这说明 Ag_3PO_4/MoS_2 中没有其他杂质存在。从图9-24(c)的 Ag_3PO_4/MoS_2 的 SEM 中可以观察到有

大量的 Ag_3PO_4 粒子均匀地分布在絮状的 MoS_2 微球表面，且 Ag_3PO_4 粒子没有团聚现象。

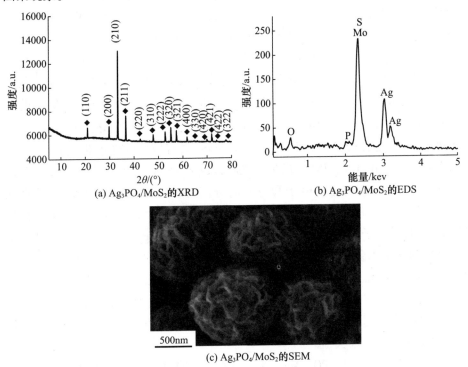

图 9-24　Ag_3PO_4/MoS_2 的形貌组织

图 9-25(a) 是 Ag_3PO_4/MoS_2 的形貌组织的 TEM 图，其晶粒较为均匀。从图 9-25(b) 的 HRTEM 中观察到两组清晰的晶格条纹，经过计算得到 Ag_3PO_4 的晶面间距为 0.26nm（图 9-25(c)），对应着 Ag_3PO_4 的 (210) 晶面。MoS_2 的晶面间距为 0.68nm（图 9-25(d)），对应着 MoS_2 的 (002) 晶面。这说明 Ag_3PO_4 与 MoS_2 复合，且 Ag_3PO_4 粒子沉积在 MoS_2 表层上。

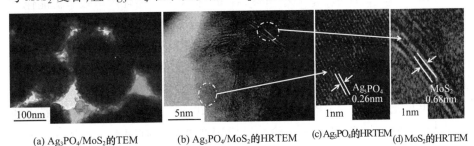

图 9-25　Ag_3PO_4/MoS_2 的 TEM 及其 HRTEM

2）Ag_3PO_4/MoS_2 的光催化性

在可见光光照条件下，Ag_3PO_4/MoS_2 对 MB 的光催化降解效率如图 9-26（a）所示，Ag_3PO_4/MoS_2（C_{AgNO_3} = 20mmol/L）在 12min 内完全降解 MB，降解效率达到 100%，其降解效率分别高于 MoS_2 在可见光光照 21min 对 MB 的降解效率的 59.2%，Ag_3PO_4 在可见光光照 21min 对 MB 的降解效率 94.7%。通过 Ag_3PO_4/MoS_2 的 $\ln(C_0/C)$ 与光照时间 t 的线性拟合，对 Ag_3PO_4/MoS_2 光催化剂进行定量的分析。如图 9-26（b）所示，Ag_3PO_4/MoS_2（C_{AgNO_3} = 20mmol/L）的表观反应速率常数 k 为 0.358min^{-1}，分别是 MoS_2 的 22.4 倍及 Ag_3PO_4 的 2.6 倍。Ag_3PO_4/MoS_2 复合材料相对于 Ag_3PO_4 和 MoS_2 具有较好的光催化性能，其主要原因有两点：①由于 Ag_3PO_4 与 MoS_2 之间构成 Z-Scheme 结构，其能级匹配，促进 Ag_3PO_4 和 MoS_2 的光生电子和空穴的分离，减少 Ag_3PO_4 光腐蚀，使较多的 Ag_3PO_4 粒子参与光催化反应。②MoS_2 具有较大的比表面积以及较多的活性位点，促进染料分子的吸附，以及光催化反应。此外，Ag_3PO_4/MoS_2 复合材料中 Ag_3PO_4 的含量也会影响光催化降解效率。在 Ag_3PO_4 的含量低于 20mmol/L 时，不足以降解 MB，而 Ag_3PO_4 的含量高于 20mmol/L 会出现团聚现象，使 Ag_3PO_4 成为电子和空穴的复合中心，加速电子和空穴复合，进而影响 Ag_3PO_4/MoS_2 复合材料的光催化性能，Ag_3PO_4 的含量为 20mmol/L，达到 Ag_3PO_4/MoS_2 复合材料光催化降解 MB 的最大值。

图 9-27（a）为 Ag_3PO_4/MoS_2 复合材料对 MO 光催化降解效率图，Ag_3PO_4/MoS_2（C_{AgNO_3} = 20mmol/L）在可见光光照时间为 30min 时，对 MO 的降解效率为 100%。通过 Ag_3PO_4/MoS_2 复合材料对 MO 降解的 $\ln(C_0/C)$ 与光照时间 t 的线性拟合（图 9-27（b）），Ag_3PO_4/MoS_2（C_{AgNO_3} = 20mmol/L）表观反应速率常数 k 为 0.131min^{-1}，分别是 MoS_2 和 Ag_3PO_4 速率常数的 11.9 倍和 4.7 倍。另外，通过 Ag_3PO_4/MoS_2 对 MO 的循环降解率也说明 Ag_3PO_4/MoS_2 具有良好的光催化性能。如图 9-28（a）所示，Ag_3PO_4/MoS_2 对 MO 在第四次循环降解效率仍能保持在 90.2% 以上，而 Ag_3PO_4 对 MO 的光催化循环降解率显著降低（图 9-28（b）），第四次循环降解的效率与第一次的相比，MO 的降解效率下降了 21.3%。因此 Ag_3PO_4 与 MoS_2 复合有效地抑制 Ag_3PO_4 在光催化过程中的光腐蚀，提高 Ag_3PO_4/MoS_2 复合材料光催化降解 MO 的稳定性。

在可见光照射下 Ag_3PO_4/MoS_2（C_{AgNO_3} = 20mmol/L）对 MB、MO 光催化降解都达到 100%，可以将这一实验结果应用在处理含有 MB、MO 染料废水等方面。

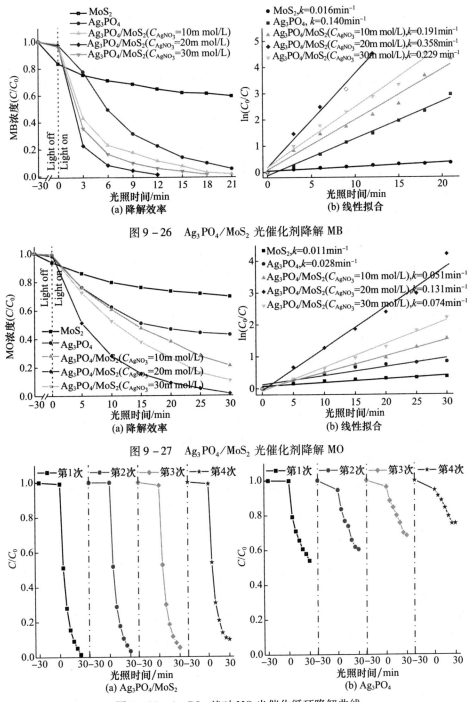

图 9-26 Ag_3PO_4/MoS_2 光催化剂降解 MB

图 9-27 Ag_3PO_4/MoS_2 光催化剂降解 MO

图 9-28 Ag_3PO_4 基对 MO 光催化循环降解曲线

9.2.3 复合半导体材料

本节主要介绍金属复合氧化物光催化降解有机物。钒酸铋($BiVO_4$)是一种新型半导体光催化材料,能在紫外线-可见光吸收光谱响应,与Zn_2SnO_4、Ag_3PO_4等复合具有较高的光催化性能。

1. $BiVO_4$基复合材料的制备

$BiVO_4$分别与Zn_2SnO_4、Ag_3PO_4材料复合,其制备方法不同,$BiVO_4/Zn_2SnO_4$采用水热法制备,$BiVO_4/Ag_3PO_4$采用水热法和沉淀法制备。

1) $BiVO_4/Zn_2SnO_4$的制备

采用水热法制备$BiVO_4/Zn_2SnO_4$复合材料。将0.2000g的$BiVO_4$溶于60mL去离子水中,经超声处理使其均匀分散,然后添加0.0246g的$Zn(CH_2COO)_2$,搅拌30min,再添加0.0235g的$SnCl_4·5H_2O$,继续搅拌1h后,将混合溶液注入100mL的聚四氟乙烯,放到反应釜中,在反应釜中温度为473K保温24h,然后冷却至室温,所得到的沉淀物经过滤,用去离子水和无水乙醇分别洗涤三次,在干燥箱中60℃真空干燥8h,获得$BiVO_4/Zn_2SnO_4$复合材料粉末。用BZ1、BZ3、BZ5、BZ7和BZ9分别表示Zn_2SnO_4与$BiVO_4$的质量百分比为1%、3%、5%、7%、9%的$BiVO_4/Zn_2SnO_4$,Zn_2SnO_4用ZTO表示,$BiVO_4/Zn_2SnO_4$复合材料的制备流程如图9-29的流程L1所示。

2) $BiVO_4/Ag_3PO_4$的制备

利用沉淀法制备$BiVO_4/Ag_3PO_4$复合材料。将1.0mmol $BiVO_4$溶于50mL去离子水中,经超声处理后使其成为均匀的溶液,并把这种溶液作为A溶液。在暗态条件下,将0.3mmol的$AgNO_3$加入到A溶液中并搅拌,搅拌30min后,使$AgNO_3$完全溶解,Ag^+由于静电作用吸附在$BiVO_4$表面,把这种溶液作为B溶液。再把2.0mmol的$Na_2HPO_4·12H_2O$的50mL溶液缓慢滴加到B溶液中,在暗态条件下搅拌7h,使Na_2HPO_4和$AgNO_3$之间充分进行离子交换生成Ag_3PO_4。把B溶液中的沉淀物用离心器分离出来,并用去离子水和无水乙醇分别洗涤三次,在干燥箱中60℃真空干燥8h,得到$BiVO_4/Ag_3PO_4$复合材料粉末。用BA5、BA10、BA20、BA30、BA40和BA50符号分别表示Ag_3PO_4与$BiVO_4$的摩尔百分比为5%、10%、20%、30%、40%、50%的$BiVO_4/Ag_3PO_4$。Ag_3PO_4缩写为APO,$BiVO_4/Ag_3PO_4$复合材料的制备流程图如图9-29的流程L2所示。

2. $BiVO_4$基复合材料的光催化性能

1) $BiVO_4/Zn_2SnO_4$的光催化性能

在可见光照射下$BiVO_4/Zn_2SnO_4$(BZx,$x=1、3、5、7、9$)复合材料对MB的光

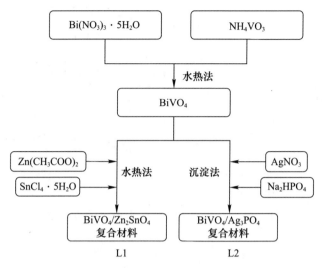

图 9-29 BiVO$_4$/Zn$_2$SnO$_4$ 和 BiVO$_4$/Ag$_3$PO$_4$ 的制备流程

催化降解效率图如图 9-30(a)所示,在可见光照射 80min 后,BZ7 复合材料对 MB 的降解效率为 99.3%。少量或过量的 Zn$_2$SnO$_4$ 都会降低 BZx 复合材料对光的吸收性能,减少 BZx 复合材料表面反应活性位点,影响 BZx 复合材料的光催化活性。根据式(9-3)表观反应速率常数公式分别计算 BiVO$_4$、Zn$_2$SnO$_4$ 和 BZx 复合材料光催化降解 MB 的表观反应速率常数 k_{app},从图 9-30(b)中可以看出 BZ7 的 k_{app} 值(0.0473min^{-1})分别高于 BiVO$_4$ 的 k_{app} 值(0.0215min^{-1})和 Zn$_2$SnO$_4$ 的 k_{app} 值(0.0046min^{-1}),而其他 BZx 复合材料的 k_{app} 值(k_{app}(BZ1)=0.0333min^{-1},k_{app}(BZ3)=0.0419min^{-1},k_{app}(BZ5)=0.0429min^{-1},k_{app}(BZ9)=0.0385min^{-1})也分别都高于 BiVO$_4$ 和 Zn$_2$SnO$_4$ 的 k_{app} 值,这说明 BZx 复合材料的光催化活性分别高于 BiVO$_4$ 和 Zn$_2$SnO$_4$ 的光催化活性。BZx 具有较高的光催化性主要原因在于 BZx 异质结界面产生的诱导效应,可促进 BZx 对可见光的吸收,促使光生电子和空穴的分离,提高 BZx 复合材料在可见光条件下光催化降解 MB 的效率。

BZ7 对 MB 的光催化循环降解效率如图 9-31 所示,BZ7 对 MB 的第一次降解效率为 99.3%,经过五次循环降解 MB 的光催化降解效率仍在 90.3%,由此可见 BZ7 具有光催化降解 MB 的循环稳定性。另外,经五次循环降解 MB 后的 BZ7 复合材料的 XRD 与降解之前 BZ7 的 XRD 相比没有发生结构变化(图 9-32),这也说明 BZ7 在循环降解 MB 过程中保持结构的稳定性。

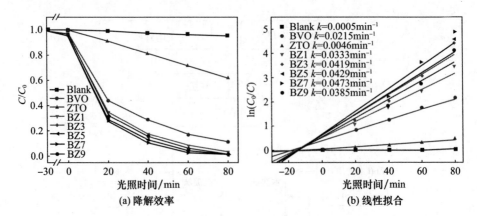

(a) 降解效率　　(b) 线性拟合

图 9-30　$BiVO_4$ 基复合材料对 MB 的光催化降解

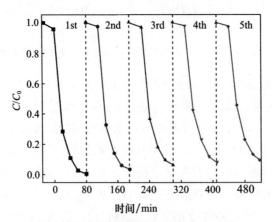

图 9-31　BZ7 降解 MB 的循环降解效率

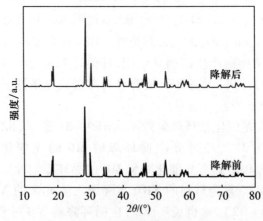

图 9-32　BZ7 降解 MB 前后的 XRD

2) $BiVO_4/Ag_3PO_4$ 的光催化性能

在可见光照射下,$BiVO_4/Ag_3PO_4$($BAx,x=5、10、20、30、40、50$)复合材料对 TC 的光催化降解效率如图 9-33(a)所示,BA10 在可见光照射 60min 后,对 TC 的降解效率为 89.9%,在 $BiVO_4/Ag_3PO_4$ 复合材料中 Ag_3PO_4 含量超过 10% 会降低 $BiVO_4/Ag_3PO_4$ 复合材料中异质结界面处的电荷分离率,使 $BiVO_4/Ag_3PO_4$ 复合材料的光催化活性降低。在图 9-33(b)的 $BiVO_4/Ag_3PO_4$ 光催化降解 TC 的表观速率常数 k_{app} 中,BAx 的 k_{app} 值分别高于 $BiVO_4$ 的 k_{app} 值($0.0154min^{-1}$)和 Ag_3PO_4 的 k_{app} 值($0.0081min^{-1}$),其中 BA10 的 k_{app} 值($0.0276min^{-1}$)较大,这说明 BAx 复合材料的光催化活性分别高于 $BiVO_4$ 和 Ag_3PO_4 的光催化活性,BA10 具有较高的光催化活性。

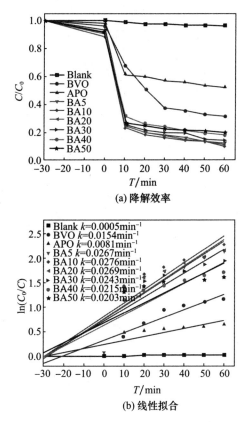

图 9-33 $BiVO_4$ 基复合材料对 TC 的光催化降解

BA10 复合材料对 TC 的循环降解效率如图 9-34 所示,BA10 对 TC 的第一次降解效率为 89.9%,经过五次循环降解 TC 后光催化效率保持在 80.2%。

另外，BA10复合材料对TC经五次循环降解前后BA10复合材料的XRD没有发生变化（图9-35），由此可见BA10具有光催化循环降解TC的相对稳定性。

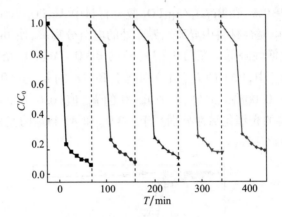

图9-34 BA10循环降解TC的效率

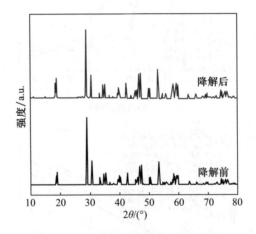

图9-35 BA10循环降解TC前后的XRD

在可见光条件下，$BiVO_4/Zn_2SnO_4$和$BiVO_4/Ag_3PO_4$的复合材料具有光催化降解不同有机污染物的能力，$BiVO_4/Zn_2SnO_4$复合材料有利于光催化降解MB，而$BiVO_4/Ag_3PO_4$复合材料有利于光催化降解TC。

9.2.4 间接半导体复合材料

BiOBr是一种间接半导体材料，与Ag_3PO_4、石墨烯复合形成$BiOBr/Ag_3PO_4$@rGO，这种复合材料具有良好的电化学性以及光催化性。

1. BiOBr/Ag₃PO₄@rGO 的制备及其光催化性能

1）BiOBr/Ag₃PO₄@rGO 的制备

用化学沉积方法合成 BiOBr/Ag₃PO₄@rGO 复合材料。把 50mg 灰色 BiOBr 粉末放入 50mL 去离子水中，并将溶液搅拌 30min，然后将 30mL 的 AgNO₃ 溶液（摩尔比 $Bi^{3+}:Ag^{+}=1:3$）加入 BiOBr 的溶液中，在暗态件下搅拌 30min 后，逐滴加入 10mL 的 Na₂HPO₄ 和 rGO 形成混合溶液（摩尔比 $Ag^{+}:PO_4^{4-}=3:1$），强力搅拌混合溶液 6h 后，用去离子水洗涤，并在烘箱里干燥 12h，得到 BiOBr/Ag₃PO₄@rGO。BiOBr/Ag₃PO₄@rGO 复合材料的制备流程如图 9-36 所示。用 BA 表示 BiOBr/Ag₃PO₄，用 BA@rGO 表示 BiOBr/Ag₃PO₄@rGO。

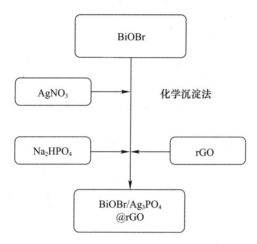

图 9-36　BiOBr/Ag₃PO₄@rGO 复合材料的制备流程

2）BiOBr/Ag₃PO₄@rGO 的形貌组织

从图 9-37 的 BiOBr 基复合材料的 XRD 图谱中，观察到 BiOBr 在 25.20°、31.72°、32.27°、46.91°、57.2°的衍射峰，分别对应四方 BiOBr 的（101）、（102）、（110）、（113）、（212）晶面。BA 和 BA@rGO 在 20.89°、29.71°、33.31°、36.6°、42.51°的峰分别对应于立方体 Ag₃PO₄ 的（110）、（200）、（210）、（211）及（220）晶面。而在 BiOBr@rGO 和 BA@rGO(BiOBr/Ag₃PO₄@rGO)样品中没有发现石墨烯(rGO)的衍射峰。从图 9-37 的 BiOBr/Ag₃PO₄@rGO 复合材料的拉曼光谱中观察到两个典型特征峰：位于 1350cm⁻¹ 的 D 峰和位于 1590cm⁻¹ 的 G 峰。D 峰和 G 峰的强度比(I_D/I_G)大于1，这说明氧化石墨烯(GO)已经还原为石墨烯(rGO)。在 rGO(1.14)，BiOBr@rGO(1.04) 和 BA@rGO(1.06)中的 I_D/I_G 值都高于 GO(0.96)的值，这也说明 GO 还原为 rGO（图 9-38）。

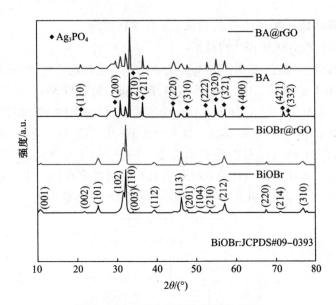

图9-37 BiOBr基复合材料的XRD

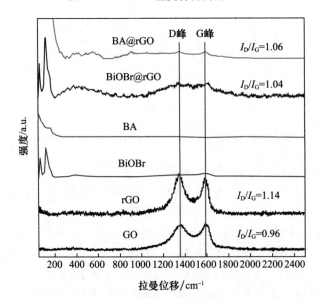

图9-38 BiOBr基复合材料的拉曼光谱

利用SEM测量仪测试BiOBr基复合材料的微观结构。如图9-39(a)(b)所示,BA复合材料呈现出花状片层的形态,从表面可以观察到Ag_3PO_4小颗粒。rGO为层状褶皱结构,且rGO将BA包覆,形成BA@rGO复合材料(图9-39(c)(d))。

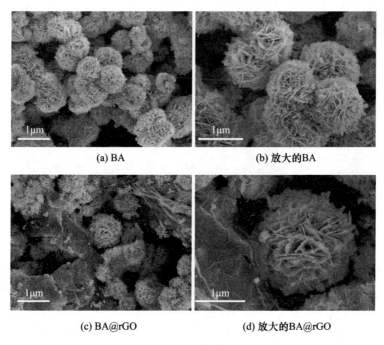

图9-39　BiOBr基复合材料的SEM

3）BiOBr/Ag_3PO_4@rGO的电化学性

电化学阻抗谱（Electrochemical Impedance Spectroscopy，EIS）：对电化学系统施加一个频率不同、小振幅的交流信号，测量交流信号电压与电流的比值（此比值即为系统的阻抗）随正弦波频率ω的变化，或者阻抗的相位角Φ随ω变化的阻抗谱。利用EIS分析电子和空穴分离率。在EIS的奈奎斯特（Nyquist）图（奈奎斯特图是对于一个连续时间的线性非时变系统，将其频率响应的增益、相位以极坐标的方式绘出的图，其常在控制系统或信号处理中使用）中高频区的圆弧与电荷传输相关，圆弧的半径对应于电荷传输电阻，由于工作电极及使用相同的电解液（Na_2SO_4），因此EIS的Nyquist圆弧的曲率半径主要取决于电极材料的电阻，曲率半径的大小可以反映材料的载流子分离率，且圆弧半径越小则表明电荷分离率越高[10]。图9-40（a）为BiOBr基复合材料的EIS图谱，图9-40（b）为EIS的Nyquist圆弧的曲率半径图，BiOBr基复合材料的Nyquist圆弧半径尺寸顺序为BiOBr>BiOBr@rGO>BA>BA@rGO。BA@rGO复合材料具有较小的Nyquist圆弧半径，其光生电子和空穴的分离率较高，这表明Z-scheme型BA@rGO复合材料有利于提高电化学性能。

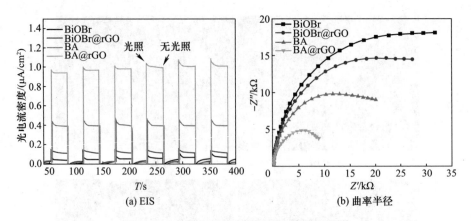

图9-40 BiOBr基复合材料的电化学阻抗谱

4) BiOBr/Ag_3PO_4@rGO 的光催化性能

BiOBr/Ag_3PO_4@rGO(BA@rGO)复合材料光催化降解 MB 效率图如图9-41(a)所示,在可见光照射下30min时,BA@rGO 对 MB 降解率为98.0%。BA@rGO 复合材料光催化降解 MO 效率图如图9-41(b)所示,在可见光照射40min 时,BA@rGO 对 MO 降解率为98.9%。与 BiOBr、Ag_3PO_4 和 BiOBr/Ag_3PO_4(BA)复合材料相比,BA@rGO 复合材料具有较强的光催化活性。这是由于 Ag_3PO_4、rGO 和 BiOBr 之间的协同作用,以及 rGO 有效的吸附作用,可抑制光催化体系中电子-空穴复合率,从而提高 BA@rGO 光催化效率。

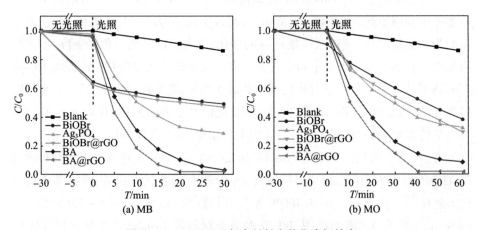

图9-41 BA@rGO 复合材料光催化降解效率

BA@rGO 复合材料的光催化降解 TC 如图9-42所示。从图9-42(a)中观察到在暗态条件下经30min 搅拌后 BA@rGO 复合材料与 TC 溶液达到吸附平衡状态。在可见光照射24min后,BiOBr@rGO对TC的降解效率为98.5% (图9-42(b))。BiOBr基光催化降解TC效率的顺序为BA@rGO > BA > Ag_3PO_4 > BiOBr@rGO > BiOBr。

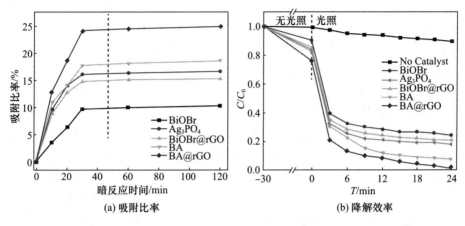

图9-42 BA@rGO复合材料对TC光催化降解

BiOBr/Ag_3PO_4@rGO复合材料具有在可见光条件下对MO、MB和TC三种有机物的高效率降解能力。BiOBr/Ag_3PO_4@rGO有利于光催化降解多种混合污染物等方面的应用,BiOBr/Ag_3PO_4@rGO中rGO具有增加比表面积、吸附、减少光生电子与空穴的复合等优异性。

2. BiOBr/Ag_3PO_4@rGO的光催化机理

当入射光波长小于等于380nm时,位于价带上的电子被激发到导带上,在价带上产生空穴,导带上具有高活性电子[11]。在BiOBr与Ag_3PO_4的能级之间电子发生跃迁。根据导带价带能级公式[12]分别计算BiOBr和Ag_3PO_4的导带能级E_{CB}及价带能级E_{VB}:

$$E_{CB} = \chi - E_e - 0.5E_g \tag{9-5}$$

$$E_{VB} = E_{CB} + E_g \tag{9-6}$$

式中:χ为半导体的电负性;E_e为自由电子在氢标电位下的能量(约4.5eV);E_g为半导体的禁带宽度。

根据BiOBr和Ag_3PO_4的紫外漫反射(UV-DRS)光谱,利用截线法获得BiOBr和Ag_3PO_4的禁带宽度。半导体的带边波长λg(吸收阈值)与禁带宽度E_g之间存在以下关系:

$$E_g(eV) = 1240/\lambda g(nm) \tag{9-7}$$

因此可以通过紫外漫反射光谱获得 λg,再根据式(9-6)计算得到 Eg。计算 BiOBr 和 Ag_3PO_4 的禁带宽度 Eg 分别为 2.68eV 和 2.42eV,由式(9-5)计算 BiOBr 和 Ag_3PO_4 价带能级 E_{VB} 分别为 2.18eV 和 2.74eV。BiOBr 和 Ag_3PO_4 的导带能级 E_{CB} 分别为 -0.5eV 和 0.32eV。BiOBr/Ag_3PO_4@rGO 复合材料光催化机理示意图如图 9-43 所示,在可见光照射下,BiOBr/Ag_3PO_4@rGO 复合材料中的 $BiVO_4$ 与 Ag_3PO_4 的价带 VB 上的电子被激发,分别跃迁到 $BiVO_4$ 与 Ag_3PO_4 的导带 CB 上,同时在价带上留下相应的空穴。由于 $BiVO_4$ 与 Ag_3PO_4 能级匹配,相对降低 $BiVO_4$ 与 Ag_3PO_4 的禁带宽度,使 $BiVO_4$ 与 Ag_3PO_4 的光生电子在能级上较容易跃迁,BiOBr 和 Ag_3PO_4 之间电荷的(光电子和空穴)这种移动方式提高电子-空穴的分离率[13]。$BiVO_4$ 的导带上光生电子还原 O_2 产生 $\cdot O_2^-$,空穴可以氧化 H_2O 产生氢氧自由基($\cdot OH$),使 BiOBr/Ag_3PO_4@rGO 复合材料中的 $\cdot O_2^-$ 和空穴共同降解 TC(或其他物质)。BiOBr/Ag_3PO_4@rGO 具有较高的催化性,其原因主要两个方面:一方面是在 BiOBr/Ag_3PO_4 中的 rGO 可以有效增加比表面积,增强光催化活性,从而提高吸附 TC 效率[14];另一方面是在 rGO 表面的光生电子可以被吸附的 O_2 捕获,形成 $\cdot O_2^-$,参与光催化降解 TC 反应[15]。此外,rGO、$BiVO_4$ 与 Ag_3PO_4 三者协同效应有效地提高光催化效率。因此利用 BiOBr/Ag_3PO_4@rGO 复合材料光催化降解 TC 等染料废水,为治理水污染提供光催化的理论依据。

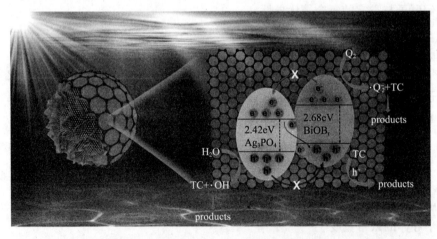

图 9-43 BiOBr/Ag_3PO_4@rGO 复合材料光催化机理示意图

在半导体材料中添加准晶材料,通过半导体材料和准晶材料相互作用利于进一步提高半导体复合材料的光催化性能。

参 考 文 献

[1] Nosaki k,Masumoto T,Inoue A,et al. Ultrafine particle of quasi-crystalline aluminum alloy and process for producing aggregate thereof:US5800638A[P]. 1998-09-01.

[2] Jenks C J,Thiel P A. Comments on quasicrystals and their potential use as catalysts[J]. Journal of Molecular Catalysis A:Chemical,1998,131:301-306.

[3] Tsai A P,Yoshimura M. Highly active quasicrystalline Al-Cu-Fe catalyst for steam reforming of methanol [J]. Applied Catalysis A:General,2001,214:237-241.

[4] Ngoc B P,Geantet C,Dalmon J A,et al. Quasicrystalline structures as catalyst precursors for hydrogenation reactions[J]. Catalysis Letter,2009,131:59-69.

[5] Hao J,Cheng H,Wang H,et al. Oxidation of cyclohexane—a significant impact of stainless steel reactor wall [J]. Journal of Molecular Catalysis A:Chemical,2007,271:42-45.

[6] Hao J,Liu B,Cheng H,et al. Cyclohexane oxidation on a novel $Ti_{70}Zr_{10}Co_{20}$ catalyst containing quasicrystal [J]. Chemical Communication,2009,23:3460-3462.

[7] Hao J,Wang J,Wang Q,et al. Catalytic oxidation of cyclohexane over Ti-Zr-Co catalysts[J]. Applied Catalysis A:General,2009,368:29-34.

[8] Kajiwara K,Suzuki S,Sato H,et al. Chirality-selective synthesis of carbon nanotubes by catalytic-chemical vapor deposition using quasicrystal alloys as catalysts[J]. Z. Kristallogr,2009,224:5-8.

[9] Kajiwara K,Suzuki S,Matsui Y,et al. Characterization of quasicrystalline Al-Cu-Fe nanoclusters as catalysts for the synthesis of carbon nanotubes[J]. Journal of Physics:ConferenceSeries,2010,226:012008 (1-7).

[10] Zhu P,Chen Y,Duan M,et al. Construction and mechanism of a highly efficient and stable Z-scheme Ag_3PO_4/reduced graphene oxide/Bi_2MoO_6 visible-light photocatalyst[J]. Catalysis Science & Technology,2018,8(15):3818-3832.

[11] Moon J,Yun C Y,Chung K W,et al. Photocatalytic activation of TiO_2 under visible light using acid red 44 [J]. Catalysis Today,2003,87(1-4):77-86.

[12] Asadzadeh-Khaneghah S,Habibi-Yangjeh A,Nakata K. Graphitic carbon nitride nanosheets anchored with BiOBr and carbon dots:Exceptional visible-light-driven photocatalytic performances for oxidation and reduction reactions[J]. J Colloid Interface Sci. ,2018,530:642-657.

[13] Li C,Yu S,Dong H,et al. Z-scheme mesoporous photocatalyst constructed by modification of Sn_3O_4 nanoclusters on $g-C_3N_4$ nanosheets with improved photocatalytic performance and mechanism insight [J]. Applied Catalysis B,Environmental,2018,238:284-293.

[14] Chen F,Yang Q,Li X,et al. Hierarchical assembly of graphene-bridged Ag_3PO_4/Ag/$BiVO_4$(040)Z-scheme photocatalyst:An efficient,sustainable and heterogeneous catalyst with enhanced visible-light photoactivity towards tetracycline degradation under visible light irradiation[J]. Applied Catalysis B,Environmental,2017,200:330-342.

[15] Wei Q,Wang Y,Qin H,et al. Construction of rGO wrapping octahedral Ag-Cu_2O heterostructure for enhanced visible light photocatalytic activity[J]. Applied Catalysis B,Environmental,2018,227:132-144.

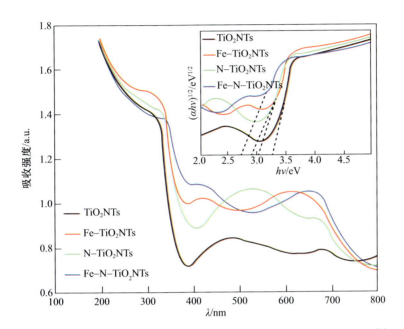

图3-3 Fe-N共掺杂TiO₂纳米管阵列的紫外线-可见光的吸收光谱[4]

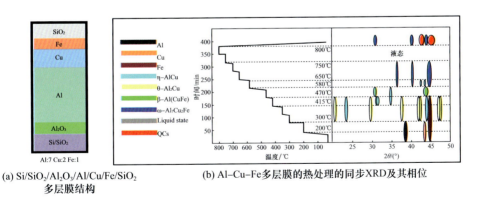

(a) Si/SiO₂/Al₂O₃/Al/Cu/Fe/SiO₂ 多层膜结构

(b) Al-Cu-Fe多层膜的热处理的同步XRD及其相位

图8-3 Al-Cu-Fe多层薄膜的温度变化引起的相变[34]

彩1

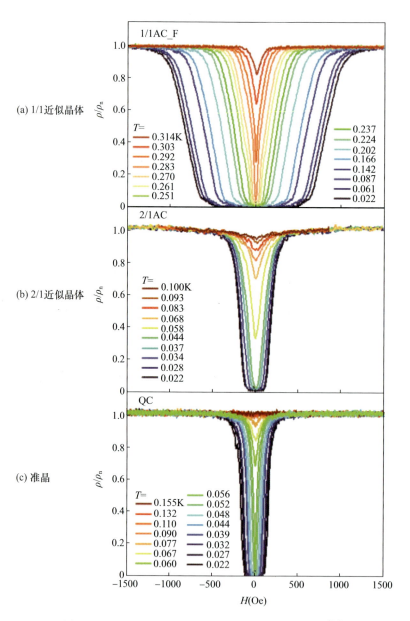

图8-5 Al-Zn-Mg准晶及其近似晶体的磁阻效应[49]

彩2